中国古建筑研究

蔡 蕾 著

延边大学出版社

图书在版编目（CIP）数据

中国古建筑研究 / 蔡蕾著. -- 延吉 ：延边大学出版社，2024.3

ISBN 978-7-230-06189-6

Ⅰ. ①中… Ⅱ. ①蔡… Ⅲ. ①古建筑－建筑艺术－研究－中国 Ⅳ. ①TU-092.2

中国国家版本馆CIP数据核字(2024)第066118号

中国古建筑研究

ZHONGGUO GUJIANZHU YANJIU

著　　者：蔡　蕾
责任编辑：张云洁
封面设计：文合文化
出版发行：延边大学出版社
社　　址：吉林省延吉市公园路977号　　邮　　编：133002
网　　址：http://www.ydcbs.com　　E-mail：ydcbs@ydcbs.com
电　　话：0433-2732435　　传　　真：0433-2732434
印　　刷：廊坊市海涛印刷有限公司
开　　本：710×1000　1/16
印　　张：12.25
字　　数：200 千字
版　　次：2024 年 3 月 第 1 版
印　　次：2024 年 3 月 第 1 次印刷
书　　号：ISBN 978-7-230-06189-6

定价：65.00元

前　　言

在中国源远流长的灿烂文明中，中国古建筑是重要的组成部分。历代的工匠们建造了众多宫殿、庙宇、园林等，并在实践中不断地探索和总结经验，构建了庞大的中国建筑体系，为后代研究和学习中国古建筑提供了直观生动的实物资料。

本书从中国古建筑的概述入手，简述了中国古建筑的基础知识，随后对其发展历程展开详述，为读者铺展开跨越数千年的中国古建筑史；接着对中国古建筑的材料、结构、形制、装饰、环境进行了具体的探究，旨在反映历史建筑的真实风貌，让更多人了解中国古建筑。

笔者在撰写本书的过程中，得到了同仁的大力支持，书中参考并借鉴了多位学者的研究成果，在此表示感谢。

由于笔者水平有限，加上时间仓促，书中疏漏在所难免，恳请各位读者提出宝贵的意见和建议，以便今后修改完善。

蔡蕾

2023 年 12 月

目　录

第一章　中国古建筑概述

第一节　中国古建筑的特点

中国古建筑是指由古代中国各民族修建的，具有中国文化积淀的建筑物。它凝聚了中华民族的智慧和创造力量，是博大精深的中华文化的缩影，也是中国作为四大文明古国的重要标志。在世界建筑体系中，中国古建筑以其壮美大气的造型、独特的结构、丰富的艺术装饰独树一帜，赢得了世界各国人民的喜爱。

中国古建筑的特点主要表现在以下七个方面：

一、使用木材作为主要建筑材料

中国古建筑在结构方面尽木材应用之能事，创造出独特的木结构形式。中国古建筑以木构柱梁为承重骨架，以木材、土或其他材料为围护物，既能满足实际功能要求，又能形成相应的建筑风格。

二、保持构架制原则

中国古建筑以立柱和纵横梁枋组合成各种形式的梁架，使建筑物上部荷载均经由梁架、立柱传递至基础，墙壁只起围护、分隔的作用，不承受荷载，所以门窗等的配置不受墙壁承重能力的限制，有“墙倒屋不塌”之妙。

三、创造并使用斗拱结构形式

斗拱是中国古建筑体系特有的形制，它既是上部梁架和立柱之间传递荷载的结构构件，又以其自身优美、华丽的造型而成为建筑的主要装饰构件。斗拱是集结构功能与装饰功能于一体的中国古建筑体系独有的构件。

四、实行单体建筑标准化

中国古代的宫殿、寺庙等，往往是由若干单体建筑结合配置而成的。单体建筑不论规模大小，外观体形皆由台基、屋身和屋顶三部分组成。各种单体建筑的各部分乃至用料、构件尺寸、彩画都是标准化、定型化的，在应用上，要遵照礼制的规定。

五、重视建筑组群平面布置

中国古建筑组群大多以庭院为组合单位：单体建筑沿周边布置，围合成中间的庭院。按照中国的封建礼制观念，庭院强调中轴对称布局，以突出主体建筑，并追求整体的平衡。

由于建筑群是内向的，除特定的建筑物，如城市中的城楼、钟鼓楼等外，单体建筑很少露出全部轮廓，使人从远处就可以看到它的形象。因此，中国建筑的完整形象必须从组群院落整体去认识。每一个建筑组群至少有一个庭院，大的建筑组群可由几个或几十个庭院组成，组合多样，层次丰富，弥补了单体建筑定型化的不足。但园林建筑是例外，中国园林建筑以“师法自然”为原则，极尽自由灵活之能事，与欧洲的几何图案式的园林建筑布局截然不同。

六、灵活安排空间布局

构架式的结构为室内空间的灵活布局创造了条件。中国古建筑，常用多种多样的罩、挂落、隔扇、屏等自由灵活地分隔室内空间。这样既能够满足屋主自己的生活习惯，又能够在特殊情况下（如在需举行盛大宴会时）迅速改变空间划分。建筑组群的室外空间——庭院，是与室内空间相互联系的统一体。庭院可以栽培树木花卉，可以叠山辟池，可以搭盖凉棚花架等。

七、运用色彩装饰手段

易腐、易燃是木构架的主要缺点。木结构建筑的梁柱框架，需要在木材表面施加油漆等防腐措施，由此发展成中国特有的建筑油饰、彩画等。西周时期，建筑工匠们已开始应用彩色来装饰建筑物，后来用青、绿、朱等矿物颜料绘成色彩绚丽的图案增加建筑物的美感。以木材构成的装修构件，加上一点着色的浮雕装饰的平基贴花和用木条拼镶成各种菱花格子，便是实用的装饰手段。

第二节　中国古建筑的类型

从类型上看，中国古建筑大体有宫殿、园林、陵墓和民居四类。

一、宫殿建筑

古建筑是中国传统文化的重要组成部分，而宫殿建筑则是其中最瑰丽的存在。宫殿建筑又称宫廷建筑，是古代皇帝为了巩固自己的统治，突出皇权的威严，满足精神生活和物质生活的享受而建造的规模巨大、气势雄伟的建筑物。这些建筑大都金玉交辉、巍峨壮观。不论在结构上，还是在形式上，它们都有别于其他类型的建筑。几千年来，历代封建王朝都非常重视修建象征帝王权威的皇宫，形成了完整的宫殿建筑体系。

（一）中国古代宫殿建筑的结构

中国古代宫殿建筑由台基、柱框与墙身、屋顶三大部分组成。

1.台基

高度：台基的高度受到严格的等级制度的制约。《礼记》记载："天子之堂九尺，诸侯七尺，大夫五尺，士三尺。"

材料：所用材料取决于建筑的等级，石为上，砖为下。

装饰：台基的装饰很丰富，以须弥座形式为最高等级。台基周围的栏板、望柱的花纹、装饰等受等级的制约。

2.柱框与墙身

中国宫殿建筑中多是以木结构为主体的梁柱构架。在木结构主体中，梁柱最重要，墙是辅助性的，起分隔室内外的作用。梁架结构非常复杂，各时代的做法和尺寸也有一定的差别。木结构梁架有三种基本形式：抬梁式、穿斗式、井干式。

3.屋顶

梁架结构的变化，形成了多种多样的屋顶形式。屋顶的基本形式有庑殿顶、歇山顶、悬山顶、硬山顶、攒尖顶等。攒尖顶又分四角、六角、八角、圆形等。屋顶是中国古建筑三大组成部分中变化最大、最有特色的部分。宫殿建筑多以庑殿顶、歇山顶为主，其中太和殿重檐庑殿顶的等级最高。歇山顶略低于庑殿顶，在紫禁城建筑中使用最多。

（二）中国古代宫殿建筑的发展特点

1.早期的宫殿建筑

中国已知最早的宫殿是河南偃师二里头遗址。在一个夯土地基上以廊庑围成院落，南侧中间为大门，轴线后端为殿堂，殿内划分出开敞的前堂和封闭的后室，屋顶推测是四阿重屋（即重檐庑殿）。到了周代，宫殿建筑已经形成了以王权为核心，左祖右庙、前朝后市的形制。此后，院落组合和前堂后室（对于宫殿又可称为前朝后寝）成了长期延续的宫殿布局方式，重檐庑殿顶成为中国古建筑中最高等级的屋顶形式。

2.秦汉时期的宫殿建筑

秦汉时期，国家统一，宫殿建筑规模宏大，人工建筑与自然景观和谐融合，以阿房宫与未央宫为代表。从这个时期开始，中国古代的宫殿建筑走向奢华。

（1）阿房宫

阿房宫是秦王朝的巨大宫殿，遗址在今西安西郊的阿房村一带，为全国重点文物保护单位。《史记·秦始皇本纪》记载："先前殿阿房，东西五百步，南北五十丈，上可以坐万人，下可以建五丈旗。周驰为阁道，自殿下直抵南山。表南山之巅以为阙。为复道，自阿房渡渭，属之咸阳"。其规模之大，可以想见。秦始皇死后，秦二世胡亥继续修建。唐代诗人杜牧的《阿房宫赋》写道：

“覆压三百余里，隔离天日。骊山北构而西折，直走咸阳。二川溶溶，流入宫墙。五步一楼，十步一阁；廊腰缦回，檐牙高啄；各抱地势，钩心斗角。”可见阿房宫确为当时非常宏大的建筑群。西楚霸王项羽率军队入关以后，移恨于物，将阿房宫及所有附属建筑纵火焚烧，化为灰烬。

（2）未央宫

未央宫在汉长安城的西南部，是汉朝皇帝朝会的地方，始建于汉高祖七年（公元前200年）。自高祖九年迁朝廷于此，其以后一直是西汉王朝的统治中心。在后人的诗词中，未央宫已经成为汉宫的代名词。宫内的主要建筑物有前殿、宣室殿、温室殿、清凉殿、玉堂殿、椒房殿、昭阳殿、天禄阁、石渠阁等。古籍记载，未央宫的四面各有一个司马门，东面和北面门外有阙，称东阙和北阙。当时的诸侯来朝入东阙，士民上书则入北阙。

3.唐朝的宫殿建筑

唐朝的宫殿建筑形成了以中轴线为核心的对称布局。唐代是中国古建筑成熟时期，这个时期的建筑在继承两汉以来建筑成就的基础上，受到了外来建筑的影响，形成了一个完整的建筑体系。这个体系由都市建筑、宫殿建筑、佛教建筑等方面组成。就唐代宫殿建筑而言，大明宫、兴庆宫和华清宫最具代表性，有着鲜明且彼此不同的文化特征。

（1）大明宫

唐大明宫位于唐长安城东北的龙首原前沿，地势高旷。从考古发掘可知：大明宫的平面北部呈梯形，南部呈长方形。宫城以丹凤门至紫宸殿为中轴线，中轴线上建有三座主殿，在中轴线两侧建有对称的殿阁楼台。宫城的中部有太液池，太液池周围诸殿是皇帝后妃居住之地；宫城东西两侧对称地开辟了专供皇族游赏的园林——内苑。这种建筑组群方式，使大明宫有着明显的建筑分区。办公区内的宫殿庄重典雅，居住区沿太液池而建，游乐区以园林为主。这种既有区域的明确区分，又构成统一整体的布局，主从分明、左右对称的建筑组群方式，反映了盛唐建筑师的设计风采，更体现出我国唐代皇宫建筑以正殿为主而又突出皇家园林特色的文化特征。大明宫在建筑艺术方面多有创新，体现出我国中古时代宫殿建筑艺术追求雄浑大气、和谐统一之美的文化特色，堪称中国建筑史上里程碑式的建筑。

（2）兴庆宫

兴庆宫占地 2016 亩，它是唐代园林与宫殿建筑相结合的典范，宫内的主要建筑如勤政务本楼、花萼相辉楼等多呈楼阁式。兴庆宫的建筑采用硕大的斗拱、挺拔的柱子、绚丽的彩绘、高高的台基，显示出尊贵、豪华、富丽、典雅的建筑特色。

（3）华清宫

华清宫是唐代帝王游乐的离宫，因此在京城长安近郊的骊山修建。这座离宫依山傍水，自然风景优美。在平面布局上，许多殿阁分布在山上山下，掩映在花丛树林中，给人以清新之感。

4.宋元时期的宫殿建筑

宋元时期的宫殿建筑除继承前代宫殿规模宏大的特点外，更加强调宫殿内部装修的精致。

5.集大成的明清宫殿建筑

故宫，又称紫禁城，是明清两代的皇宫，为我国现存最大、保存最完整的木结构宫殿建筑群。故宫占地面积约 72 万平方米，宫殿沿着一条南北向中轴线排列，并向两旁展开，南北取直，左右对称。这条中轴线不仅贯穿了紫禁城，而且南达永定门，北到鼓楼、钟楼，规划严整。

故宫四周有护城河环绕，城墙四隅都有角楼，三重檐七十二脊，造型华美。城墙四面辟门，正门午门最为突出，它平面呈“凹”字形，中间开三门，两边各开一门，城楼正中为重檐庑殿顶九间殿，两边端头都有角亭，以廊庑相连，这也是中国古代大门中最高级的形式。五个屋顶形如五只丹凤展翅，故称“五凤楼”。

太和门是紫禁城内最大的宫门，也是外朝宫殿的正门。太和门建成于明永乐十八年（1420年），当时称奉天门。

太和殿、中和殿、保和殿是故宫“三大殿”。主殿太和殿为重檐庑殿十一开间，是中国最高等级的殿堂，俗称“金銮殿”。中和殿是皇帝在大朝前的休息处。保和殿是每年除夕皇帝赐宴外藩王公的场所，殿试也在这里举行。

建筑学家认为故宫的设计与建筑，是一个无与伦比的杰作，它的平面布局和立体效果，都是世上罕见的。

二、园林建筑

园林建筑是一种综合性的艺术，是人类优秀文化的结晶，体现了设计者丰富的想象力和独特的思维方式。

园林建筑风格不一，布局灵活多变，将人工美与自然美融为一体，形成独特的效果。

中国古典园林是集建筑、山水、园艺、绘画、雕刻以至诗文等多种艺术于一体的综合体，它体现了博大精深的民族文化。中国古典园林的园景主要是模仿自然，即用人工的力量来建造自然的景色，以求达到“虽由人作，宛自天开”的艺术境界。

建筑是园林的重要组成部分，在园林中有着十分重要的作用。它具有使用和造景的双重作用，既要满足各种园林活动和使用上的要求，又是园林景物之一。这类建筑既是物质产品，也是艺术作品。

中国古典园林特别善于利用具有浓郁的民族风格的各类建筑物，如亭、台、楼、阁、廊、榭、桥等，配合自然的水、石、花木等组成体现各种情趣的园景。在中国园林里，自然的山水是景观构图的主体，而形式各异的各类建筑则是为观赏和营造文化品位而设的，植物配合着山水布置，道路回环曲折，达到一种自然环境、审美情趣与美交融的理想境界。

中国园林建筑艺术有悠久的传统，在世界造园艺术中，独树一帜，有重大的成就。几千年来，我国古代造园工匠，以他们辛勤的劳动和智慧，创造了许多美丽的园林，颐和园仅是千千万万个园林中保留下来的一个。下面浅谈中国古典园林建筑的艺术特点。

（一）因地制宜，与环境相协调

建筑与环境的结合首先是要因地制宜，力求与基址的地形、地势、地貌结合，自由穿插，灵活应变。为配合自然界中的各种典型环境，造园工匠还创造出了各种不同类型的建筑，做到总体布局上依形就势，并充分利用自然地形、地貌。

例如，颐和园的园林建筑充分利用了自然环境。建筑布局、景点的安排多是依山之势、依水之形。依山多是高山崇阁，依次排列，层层向上，形成了高耸突兀之势；临水多为长廊小榭，优美的十七孔桥将宽阔的昆明湖水面分出层次，给人以幽远纵深之感。

（二）表现含蓄，精巧雅致

含蓄是中国古典园林重要的建筑风格之一。中国古典园林多以有限面积造无限空间，小中见大，重视分隔空间、虚实对比、含蓄不尽，给人无尽的遐思。欲扬先抑是常用的一种造园手法，也是含蓄风格的一种体现。

中国园林建筑的“巧”主要得益于木构架的灵活性，同时在布局上又很注意以“巧”取胜。整个园林的建筑从整体到部分不仅注意总体造型上的美，而且注意装饰的美，注意陈设的美。

例如，在颐和园中，万寿山南麓陡坡直抵昆明湖边，如果只是在山水之间的狭长地带修一条环湖路，就违背了中国园林艺术讲究含蓄、不可“一览无余”的美学原则。现在有一条雕梁画栋的长廊横贯于山水之间，犹如山之彩屏、水之锦帐、花之叶、蝶之翼，巧夺天工，妙不可言。

（三）强调意境

意境是人们对园林建筑形象、色彩、气氛的一种感受。一般来说，园林可以人工的巧奇，创造“宛自天开”的景色，然后将精巧的建筑融入自然，营造出幽雅的意境。

例如，颐和园的北部万寿山耸立如翠屏，各种建筑物布满其间，而南部却是碧波粼粼的昆明湖。湖中有几处岛屿浮现水面，又以长堤、石桥加以联系。西堤六桥是仿照杭州西湖中的苏堤修筑的，垂杨拂水，碧柳含烟，形成一种独特的意境美。

（四）善用色彩

在中国古典园林中，北方的皇家园林和江南的私园，在色彩方面各具特色。

北方皇家园林建筑色彩多鲜艳华丽。琉璃瓦、红柱、彩绘等，反映出皇家园林的大气。房屋上经常可以照到阳光的部分，一般用暖色；房檐下的阴影部分，则多用蓝、绿等冷色。这样，可以形成鲜明的对比。黄瓦红墙相辉映，使建筑显得富丽雄浑，凸显了皇家的华贵、庄严。

江南园林建筑多用大片粉墙为基调，配以黑灰色的小瓦，栗壳色梁柱、栏杆、挂落。内部装修也多用淡褐色或木材本色，衬以白墙，与水磨砖所制灰色门框相辉映，清淡雅致。

中国古典园林凝聚了中华民族对自然与生命的信仰追求、美学理想和情感寄托，记录了世界历史长河中光辉璀璨的文明篇章。继承和发扬古典园林艺术，是赓续文化薪火的应有之义。

三、陵墓建筑

陵墓是安放故人尸体、祭奠故人的场所的总称。若分开来讲，陵一般指地上建筑，墓则是地下部分。

陵墓建筑的发展历程如下：

（一）方上——秦汉

秦始皇统一中国之后，修建了秦始皇陵。秦始皇陵封土采用方上形制，顶部平坦，原高约 115 米，现存高 76 米，东西长 345 米，南北宽 350 米。秦始皇陵是目前已知的中国封建社会规模最大的一座帝王陵墓，也是我国古代陵寝发展史上的里程碑。

汉承秦制，墓室深埋地下，累土为方锥形去其上部，作为陵体，形状酷似覆斗。陵园前开始出现神道，两侧建有石建筑。汉代帝王陵墓以武帝茂陵规模最大，冢高 46.5 米，周长 240 米。汉代陵墓是保留至今的唯一一种汉代建筑类型，出土的画像砖、画像石以及明器，为今人了解那个时代的社会生活提供了大量资料。

（二）以山为陵——唐朝

唐朝比前代更加追求陵冢的高大。为了显示雄伟壮观，防止被盗和水土流失，唐太宗开创了以山为陵的先河，选择有气势的山脉为陵体，开凿墓室。平面布局是在山陵四周建筑方形陵墙，四面建门，门外立石狮，四角建角楼，神道顺地势向南延伸，两侧的石人、石狮比前代更多。

（三）宝城宝顶——明清

朱元璋开启了明朝的统治，其陵墓——孝陵的封土形式及布局也成了明清两朝皇陵的标准格式。孝陵没有模仿唐代的以山为陵，而是采取“宝城宝顶”的建制，既威严肃穆，又能防止雨水冲刷，起到良好的保护作用。陵墓前有长长的神道，神道上依次排列着大金门、石碑、石柱、文臣及武臣，直到棂星门。进门过金水桥到达陵墓中心区，在由南至北的中轴线上分布着大红门、祾恩门、祾恩殿、方城明楼、宝城。明十三陵延续了这种建制，集中建造在一起，各陵既各自独立，又有共同的入口和共同的神道，组成一个统一的既完整又有气势的皇陵区。

四、各地民居

（一）江南民居

江南民居往往与园林合二为一，凡宅必有园。江南民居建筑特点是黑瓦、白墙、砖石木构，多为干栏式建筑。江南水乡民居多傍河道而筑，故有旱街和水街。水街上的桥是连通两岸旱街的纽带，各式桥型亦是水街特有的景观。骑楼是江南传统民居常见的一种模式。它临河沿街，在河沿的廊柱间设有栏杆可依的长条凳，形成一条给住户及路人遮风避雨、歇脚乘凉的水榭式街廊。过街楼在江南乡镇十分常见，借空间而不碍交通。江南水乡居民背水临街，一般楼下临街处为前，面水处为后，前面楼下为店铺，楼上为住房。居民左右邻接以风火墙相隔断，留出适当距离作通道河渠交通用。

1.建筑结构

临水民居以宅院式房屋居多。门楼以砖雕为主，隔扇以木构为主，花窗有木构，也有砖瓦、砖雕结构等。江南民居普遍的平面布局方式和北方的四合院大致相同，只是一般布置紧凑，院落占地面积较小，以适应当地人口密度较高，要求少占农田的特点。住宅的大门多开在中轴线上，迎面正房为大厅，后面院内常建二层楼房。由四合房围成的小院子通称天井，仅作采光和排水用。因为屋顶内侧坡的雨水从四面流入天井，所以这种住宅布局俗称“四水归堂”。

四水归堂式住宅的个体建筑以传统的“间”为基本单元，房屋开间多为奇数，一般三间或五间。每间面阔 3～4 米，进深五檩到九檩，每檩 1～1.5 米。各单体建筑之间以廊相连，和院墙一起，围成封闭式院落。不过为了利于通风，多在院墙上开漏窗，房屋也前后开窗。这类住宅适应地形地势，充分利用空间，布置灵活。

江南民居的结构多为穿斗式木构架，不用梁，而以柱直接承檩，外围砌较薄的空斗墙或编竹抹灰墙，墙面多粉刷白色。屋顶结构也比北方住宅薄。墙底部常砌片石，室内地面也铺石板，以起到防潮的作用。厅堂内部根据使用目的的不同，用传统的罩、隔扇、屏门等自由分隔。梁架仅加少量精致的雕刻，涂栗、褐、灰等色，不施彩绘。房屋外部的木构部分用褐、黑、墨绿等颜色，与白墙、灰瓦相映，色调雅素明净，与周围自然环境结合起来，形成景色如画的水乡风貌。

2.形成原因

第一，南方气候的炎热潮湿特点对建筑产生了较大的影响。例如：居室墙壁高，开间大；前后门贯通，便于通风换气；为便于防潮，建二层楼房多，底层是砖结构，上层是木结构。

第二，南方的一年四季是勃勃生机的，环境颜色丰富多彩，民居建筑外墙多用白色，利于反射阳光。南方建筑粉墙黛瓦，颜色素雅，给人以清爽宜人的感觉。

第三，南方水资源较为丰富，小河从门前屋后轻轻流过，人们取水、用水非常方便。水围绕着民居，民居因水有了灵气。

（二）窑洞

窑洞是我国西北黄土高原地区的传统民居形态，当地居民利用高原有利的地形，凿洞而居，创造了被称为“绿色建筑”的窑洞。窑洞是黄土高原的产物、陕北人民的象征，蕴含着丰富的黄土高原传统文化，对现代建筑也产生了深远的影响。窑洞是中华民族勤劳人民智慧的结晶，具有天然的生态节能优势。在当今世界面临严峻的生态和能源危机的情况下，窑洞具有借鉴意义和保护价值。

1.窑洞的基本概况

窑洞是中国北方地区古老的民居形态，是黄土高原最经济的建筑形态。窑洞起源于古代的穴居，黄土高原黄土土层深厚，土壤结构紧密，直立性好，具有良好的整体性，为建造窑洞提供了得天独厚的自然条件。

2.窑洞的类型

（1）靠崖式窑洞

靠崖式窑洞常呈现曲线或折线形排列，有和谐美观的建筑艺术效果。这种窑洞一般在山脚、沟边修建，人们往往利用崖势，先将崖面削平，然后修庄挖窑。

（2）下沉式窑洞

这种窑洞都在平原大坳上修建。人们先在平地挖一个长方形的大坑，将坑内四面削成崖面，然后在四面崖上挖窑洞，建成一个四合院，并在一边修一个长坡道作为人行道。

（3）独立式窑洞

独立式窑洞是一种掩土的拱形房屋，有土坯拱窑洞，也有砖拱窑洞、石拱窑洞。这种窑洞无须靠山依崖，能自身独立，可为单层，也可建成楼。

3.窑洞的优点和缺点

（1）窑洞的优点

第一，冬暖夏凉。窑洞民居是一种向地下争取居住空间的掩土建筑。由于它的围护结构是黄土，热能散失最小，保温、隔热性能好，所以窑洞冬暖夏凉，是天然的节能建筑。

第二，窑洞内部空间是拱形的，加大了内部的竖向空间，使人们感到舒适。

第三，窑洞的洞口一般都朝阳，这样便于阳光照射。

第四，窑洞建筑美观耐用，可以节约耕地、保护植被、不破坏生态。

第五，窑洞的布局十分灵活，多随地势挖掘。

此外，窑洞建筑的寿命长，抗地震性能强。

（2）窑洞的缺点

窑洞最主要的缺点是占地很大。尤其是地坑窑，一个普通的窑院占地约 1.3 亩地，而普通的砖瓦房院落仅用 0.3 亩地就可以建成。

此外，由于黄土本身的特性，黄土窑内十分潮湿，窑内的木质家具不能直接靠墙放置，时间一长，木板就要腐烂。窑洞虽然凉爽，适合存放粮食，但囤粮需要做十分复杂的防潮处理，并将粮食高高地架在木架上。窑洞内潮湿，通风较差，窑洞越深采光越差。

（三）碉房

藏族民居极具特色，藏南谷地的碉房、藏北牧区的帐房、雅鲁藏布江流域林区的木构建筑各有特色。藏族民居在注意防寒、防风、防震的同时，也采用开辟风门、设置天井及天窗等方法，较好地解决了气候、地理等不利因素对生产、生活的影响，达到通风、采暖的效果。

在藏族民居中最具代表性的是碉房。碉房多为石木结构，外形端庄稳固，风格古朴粗犷；外墙向上收缩，依山而建，内坡仍为垂直。

西藏各地都有碉房，但风格却各有不同。例如：拉萨的碉房多为内院回廊形式，放眼望去，全是碉房的窗户，进入院内，如同进了迷宫；而山南地区的碉房则多有外院，人们可以很方便地到户外活动。但所有的碉房楼顶都是平顶，人们可以经常在楼顶活动，家家户户楼顶的四角都比其他地方高出许多，这些高角会挂满五彩经幡。

碉房的墙体下厚上薄，外形下大上小，建筑平面都较为简洁，一般多为方形平面，也有曲尺形的平面。西藏那曲民居外形是方形略带曲尺形，中间设一小天井。因青藏高原山势起伏，建筑占地过大将会增加施工难度，故一般建筑平面上的面积较小，而向空间发展。

在西藏，人们修建房屋以“柱”为单位，1“柱”相当于2米×2米的面积，碉房平面、整体形状都是方的。众多碉房连在一起，错落有致，非常壮观。

藏族传统建筑由于受独特的地理与人文环境的影响，在空间布局上有着极其鲜明的地方特点——依地而生，相似形制的不同单元结构不断向上向外延伸。这种自由生长的态势使其在空间布局上具有自由、灵活性，在群体外观形态上和单体体量造型上呈现均衡而又不对称的特点。

第三节　中国古建筑的尺度体系

一、柱高与柱径

古建筑柱子的高度与直径是有一定比例关系的，柱高与面阔也有一定比例。小式建筑，如七檩或六檩小式建筑，明间面阔与柱高的比例为10∶8，即通常所谓“面阔一丈，柱高八尺”。柱高与柱径的比例为11∶1。五檩、四檩小式建筑，面阔与柱高之比为10∶7。

大式带斗拱建筑的柱高，按斗拱口份数定。清工部《工程做法》规定：“凡檐柱以斗口七十份定高。如斗口二寸五分，得檐柱连平板枋、斗科通高一丈七尺五寸。内除平板枋、斗科之高，即得檐柱净高尺寸。如平板枋高五寸，斗科高二尺八寸，得檐柱净高一丈四尺二寸。”从这段规定可以看出，所谓大式带斗拱建筑的柱高，是包括平板枋、斗拱在内的整个高度，即从柱根到挑檐桁底皮的高度。其中“斗拱高”是指坐斗底皮至挑檐桁底皮的高度。七十斗口减掉平板枋和斗拱高度，所余尺寸不足60斗口。

二、收分与侧脚

中国古建筑柱子上下两端直径是不相等的。除瓜柱一类短柱外，任何柱子都不是上下等径的圆柱体，而是根部略粗，顶部略细。这种根部粗、顶部细的做法，称为“收溜”，又称“收分”。木柱做出收分，既稳定又轻巧，给人以舒适的感觉。小式建筑收分的大小一般为柱高的1/100，如柱高3米，收分为3厘米，假定柱根直径为27厘米，那么柱头收分后直径为24厘米。对于大式建筑柱子的收分，《营造算例》规定为7/1 000。

为了加强建筑的整体稳定性，古建筑最外一圈柱子的下脚通常要向外侧移出一定尺寸，使外檐柱子的上端略向内侧倾斜，这种做法称为“侧脚”，或称“掰升”。清代建筑柱子的侧脚尺寸与收分尺寸基本相同，如柱高3米，收分3厘米，侧脚亦为3厘米，即所谓“溜多少，升多少”。由于外檐柱子的柱脚中线按原设计尺寸向外侧移出柱高的1/100（或7/1 000），并将移出后的位置作为柱子下脚中轴线，而柱头仍保持不动，这样在平面上就出现了柱根、柱头两个平面位置的情况。清式古建筑只有外圈柱子才有侧脚，里面的金柱、中柱等都没有侧脚。

三、上出与下出

中国古建筑出檐深远，其出檐大小也有尺寸规定。清代规定：小式房座，以檐檩中至飞檐椽外皮（如无飞檐则至老檐椽头外皮）的水平距离为出檐尺寸，称为“上檐出”，简称“上出”。由于屋檐向下流水，故上檐出又被形象地称为“出水”。无斗拱大式或小式建筑上檐出尺寸定为檐柱高的3/10，如檐柱高3米，则上出应为0.9米。将上檐出尺寸分为三等份，其中檐椽出头占2份，飞椽出头占一份。

带斗拱的大式建筑，其上檐出尺寸是由两部分尺寸组成的。一部分为挑檐桁中至飞檐椽头外皮，这段水平距离通常规定为21斗口，其中2/3为檐椽平出尺寸，1/3为飞椽平出尺寸。另一部分为斗拱挑出尺寸，即正心桁中至挑檐桁中的水平距离。这段尺寸的大小取决于斗拱挑出的尺寸的多少。如三踩斗拱挑出3斗口，五踩斗拱挑出6斗口，七踩斗拱挑出9斗口。因此，带斗拱的大式建筑出檐大小取决于斗拱挑出的多少。

中国古建筑都是建在台基之上的，台基露出地面的部分称为台明。小式房座台明高为柱高的1/5或柱径的2倍。台明由檐柱中向外延展出的部分为台明出檐，对应屋顶的上出檐，又称为“下出”。下出尺寸，小式做法定为上出檐的4/5或檐柱径的2.4倍，大式做法的台明高为台明上皮至挑尖梁下皮高的1/4，大式台明出檐为上出檐的3/4。

古建筑的上出大于下出，二者之间有一段尺度差，这段叫“回水”，回水的作用在于保证屋檐流下的水不会浇在台明上，从而起到保护柱根、墙身免受雨水侵蚀的作用。

第二章　中国古建筑发展历程

在漫长的发展过程中，中国古建筑成就卓越并形成了独特的风格，在世界建筑史上占有重要地位。中国古建筑的发展进程是持续的，从未间断过。在不同朝代，经济及建筑技术等存在差异，使得中国古建筑呈现出鲜明的时代特征。

中国古建筑体系经历了原始社会、奴隶社会和封建社会三个历史阶段，其中，封建社会是形成中国古建筑体系的主要阶段。

第一节　原始社会时期的建筑

一、概述

大量考古资料证明：仰韶文化时期，我国先民已走出天然洞穴，或是在地面掘土为穴，或是筑木为巢，将其作为居室，从而宣告了我国最早的建筑类型居室的出现。

陕西西安半坡遗址、河南三门峡庙底沟遗址和浙江余姚河姆渡文化遗址群中的房屋建筑，分别代表我国北方与南方地区不同的早期居室类型。

二、建筑类型

经过考古发掘，人们基本可以确认，人工建筑物出现于新石器时期。由于中国地域辽阔，各地气候、地理、材料等条件不同，故中国的建筑技术和建筑艺术在新石器时期的发展有两条主线。

（一）黄河流域的建筑

黄河流域的建筑主要是按地穴—地面建筑的线索演变的。黄河流域有广阔而丰厚的黄土层，土质均匀，含有石灰质，有壁立不易倒塌的特点，便于挖作洞穴，因此在原始社会晚期，穴居成为这一区域氏族部落广泛采用的一种居住方式。随着营建经验的不断积累和营建技术的不断提高，穴居逐步发展到半穴居，最后又被地面建筑所代替。

1.穴居

黄河中上游地区原始先民的地穴建筑，分为横穴和竖穴两大类：横穴是指在黄土断崖面上开凿的洞穴；竖穴是指从地面往下挖成洞穴。横穴后来发展成为窑洞；竖穴的居住面在发展过程中不断上移，后成为半地穴和地面建筑。竖穴建筑入口部都覆盖以树木枝叶编成的顶盖，这种顶盖可以看成后来建筑屋顶的雏形。

2.半穴居

半穴居的建筑位于地面下 50～80 厘米，地面和居住面之间由斜坡道连接。斜坡道多由人字形屋顶覆盖。居住面周围的壁面，以“木骨泥墙”的方式构成向内倾斜的壁体。面内以木柱构成支架，支撑着壁体的木骨泥墙和屋顶。屋顶则与墙体相交结，形态类似后来的歇山顶。火塘一般在靠近入口处或位于建筑中心，用于点火、取暖、烤食物等。

3.地面建筑

地面建筑是居住面稍高于室外平地的建筑，分为单室和多室两种类型。地面建筑广泛存在于众多遗址中，如仰韶村遗址等。

地面建筑的出现，标志着中国古建筑已脱离了原始穴居、半穴居阶段。特别是多室的出现，标志着中国古建筑开始以室内空间的细分来适应社会关系的种种变化。

（二）长江流域的建筑

1.巢居

巢居是一种古老而原始的居住方式：以树干为桩，以树枝为梁，再以树条绳索绑扎出楼板和屋顶骨架，敷以茅草形成。此种建筑方式多见于长江流域以南地区，这些地区气候湿热、森林植被资源丰富，生活在这里的居民为了防潮和避开野兽虫蛇的侵扰，最先采用了巢居的形式。

2.干栏式建筑

根据学者的研究可知，干栏式建筑是由古老的“巢居”发展而来的。干栏式建筑的建筑方式是用木柱将建筑的居住面架空，形成脱离地面的平台，再在平台上建筑墙身。

典型的干栏式建筑遗存为浙江余姚河姆渡遗址，其距今大约 5 000～7 000 年。在该遗址中，人们发现了大量的干栏式建筑构件。其中一座建筑长 20 余米，基础为四列平行桩柱，进深约 7 米，居住面地板高出地表约 1 米，干栏广泛采用榫卯连接。

第二节　夏、商、西周、
春秋战国时期的建筑

一、概述

公元前 21 世纪，夏朝的建立标志着我国奴隶社会的开始。公元前 2070 年左右，夏王朝开始修筑城市和宫殿，其“廊院式”建筑空间模式开启了中国建筑体系院落式空间布局的先河。

殷商王朝建立后，经济文化得到了进一步的发展，南北方的建筑技术和艺术得到了进一步融合。

公元前 1046 年至公元前 771 年，西周统治者制定了较为成熟的建筑等级制度，使中国古建筑的布局更趋严谨，建筑类型更加丰富，呈现了建筑多样性的特点。

春秋战国时期，由于政治、经济及文化方面的发展与影响，各国诸侯纷纷打破周代礼制的羁绊，在“高台榭、美宫室”思想的影响下，开始建筑自己庞大的都城和精美的宫室。

二、各朝代的建筑特征

（一）夏（约公元前 2070 年—公元前 1600 年）

由居住在黄河中下游的“夏”部落所建立的夏王朝，是我国历史上第一个奴隶制国家。夏王朝在建筑活动中大量使用奴隶，兴建了带有宫殿性质的大型木结构建筑。我国古代文献记载了夏朝的史实，但考古学上对夏文化尚在探索

之中。夏朝的中心地区主要在今河南中西部、山西南部一带。

考古发现，夏朝的宫殿在建筑布局上初步形成了将建在夯筑台上的殿堂用廊院围绕起来的“廊院格局”。这种布局不仅可以加强宫殿的防卫，还可以通过廊和宫殿建筑体量的大小对比、建筑实体和院落空间的虚实对应，营造出宫殿所需要的庄严、雄伟。以后的宫殿建筑大多承袭了这种格局，由此形成了中国建筑体系的一大特点。

（二）商（公元前 1600 年—公元前 1046 年）

商朝是我国奴隶社会的大发展时期，商朝的统治以河南中部黄河两岸为中心，东至大海，西至陕西，南抵安徽、湖北，北达河北、山西、辽宁。在这一时期，我国开始了有文字记载的历史，已经发现的记载当时史实的商朝甲骨有十余万片。出土的大量商朝青铜礼器、生活用具、兵器和生产工具（包括斧、刀、锯、凿、钻、铲等），反映了商朝的青铜工艺已达到相当纯熟的程度，手工业专业化分工已很明显。手工业的发展、生产工具的进步以及大量奴隶劳动的集中，使这一时期建筑技术水平有了明显提高。

商朝宫殿建筑在夏朝建筑技术的基础上有所发展，文献中有“殷人重屋”的记载。所谓“重屋”，就是两段直坡屋顶上下相叠构成的重檐屋顶。商朝宫殿建筑建在低矮的夯土台上，东西宽，南北窄，平面呈长方形，主檐柱外又分别立有擎檐柱，墙身为木骨泥墙，并分有多个房间。商朝的宫殿建筑在类型上和室内空间划分上较夏朝复杂，有大室、小室、东室、南室、祠室、皿室等划分。商朝宫殿建筑以没有夯实的素土为台阶，屋顶为四坡顶，上面盖茅草，外观古拙简洁，即所谓的“茅茨土阶，四阿重屋”。

（三）西周（公元前 1046 年—公元前 771 年）

西周建造了一系列由奴隶主实行政治、军事统治的城市。西周时期的建筑已形成完整、复杂的院落组合，空间布局的成熟度不亚于明清时期北京的四合院。

由于西周建立了较为完整的宗法制度，根据宗法分封制度，奴隶主内部规定了严格的等级。在城市建设上，只有天子与诸侯才可造城，规模按等级来定：诸侯的城大的不超过王都的三分之一，中等的不超过五分之一，小的不超过九分之一，城墙高度、道路宽度以及各种重要建筑物都必须按等级制造，否则就是僭越。

西周建筑的夯土台更加高大，木构柱网更加规整，室内的地面采用了细腻光洁的涂料。西周的宫殿建筑已形成布局严整、分区明确的院落，其“三朝五门”制成为后来历代宫殿的布局原则。

瓦的使用是西周在建筑上的突出成就，使西周建筑脱离了“茅茨土阶”的简陋状态而进入了比较高级的阶段。制瓦技术是从陶器发展而来的。在凤雏村发现的西周早期宫殿遗址中，瓦还比较少，可能只用于屋脊和屋檐。在西周中晚期扶风召陈遗址中，瓦的数量就比较多了，有的屋顶已全部铺瓦。瓦的质量有所提高，并且出现了半瓦当。

（四）春秋战国时期（公元前 770 年—公元前 221 年）

春秋战国时期，各诸侯国势力日益膨胀，纷纷打破等级的束缚，在高台上兴建了大量壮观华丽的宫室。高台建筑成为当时宫殿建筑的主要特征，当时的城市建筑也得以迅猛发展。

春秋战国时期的高台建筑可以分为两类：一是建在夯土台的顶上的建筑；二是围绕夯土台建造的多层建筑。诸侯建造高台建筑的主要目的包括：第一，使宫殿显得高大雄伟，表现统治者的权威；第二，加强安全防卫；三是以夯土台作为整个建筑结构的核心，以建造多层建筑，这种做法可以弥补当时木结构技术的不足，取得更大的建筑空间。

1.春秋时期（公元前 770 年—公元前 476 年）

春秋时期由于铁器和耕牛的使用，社会生产力水平有了很大提高。此外，封建生产关系出现，手工业和商业也相应发展。著名木匠公输般（鲁班），就是在春秋时期手工业不断发展的形势下涌现而出的技术高超的匠师。

春秋时期建筑上的重要发展是瓦的普遍使用和作为诸侯宫室用的高台建筑（或称台榭）的出现。这一时期，诸侯日益追求宫室华丽，建筑装饰与色彩也得到发展，如《论语》中提到的“山节藻棁”（山节，即刻成山形的斗拱；藻棁，即画有藻文的梁上短柱），《左传》记载鲁庄公丹楹（柱）刻桷（方椽），便是例证。

2.战国时期（公元前475年—公元前221年）

战国时期，社会生产力的进一步提高促进了封建经济的发展，手工业、商业的不断发展，使得城市更加繁荣，其规模日益扩大，如齐国的临淄、赵国的邯郸、楚国的鄢郢、魏国的大梁，都是工商业大城市，又是当时诸侯统治的据点。例如，据记载，当时临淄居民达到七万户，街道上车轴相击，人肩相摩，热闹非凡。

战国时期，都城一般都有大小二城：大城又称郭，是居民区，其内为封闭的闾里和集中的市；小城是宫城，建有大量的台榭。此时屋面已大量使用青瓦覆盖，战国晚期开始出现陶制的栏杆和排水管等。

三、夏至春秋战国时期的典型建筑

（一）河南偃师二里头遗址

发现于河南洛阳偃师二里头的夏代早期宫室遗址，由四周有回廊的庭院组成。二里头遗址的主要殿堂置于广庭中部，下承夯土台基。台基平整，高出当时地面约0.8米，边缘呈缓坡状，斜面上有坚硬的石灰石或路土面。台基中部偏北建有殿堂，东西长30.4米，南北深11.4米，以卵石加固基址。建筑结构为木柱梁式，南北两面各有柱洞九个，东西两面各有柱洞四个，但柱网尚不太整齐。壁体为木骨抹泥墙，屋面则覆以树枝茅草。

值得注意的是，主体建筑面阔为等跨的八开间，回廊已出现复廊形式。

（二）中山王陵

建于战国中期（公元前300年左右）的中山王陵，位于河北平山，是战国陵墓的代表。它虽是一座未完成的陵墓，但从墓中出土的一方金银错《兆域图》铜版，仍可知此陵的陵园规划意图。这也反映出在当时的建筑设计中，特别是皇家建筑，已会事先踏勘地形和规划布置。

根据《兆域图》复原和遗址可知，王陵当初形制是外绕两圈横长方形墙垣，内部为横长方形封土台，台的南部中央稍有凸出，台东西长达310余米，高约5米，台上并列五座方形享堂，分别祭祀王、两位王后和两位夫人。中间三座即王和两位王后的享堂，王的享堂平面为52米×52米；左右两座夫人享堂稍小，为41米×41米，位置也稍后退。五座享堂都是三层夯土台心的高台建筑，王的享堂下面又多一层高1米多的台基，从地面算起，总高可有20米以上。封土后侧有四座小院。整组建筑规模宏伟，均齐对称，以中轴线上最高的王的享堂为构图中心，后堂及夫人堂依次降低，使得中心突出，主次更加分明。

中山王陵虽有围墙，但墙内的高台建筑耸出于上，四向凌空。封土台提高了整群建筑的高度，使我们从很远就能看到。毋庸置疑，中山王陵是一个建筑与环境艺术完美结合的优秀设计。

第三节　秦、汉、魏晋南北朝时期的建筑

一、概述

秦汉时期，由于国家统一，国力富强，中国古建筑艺术与技术取得了较大发展。秦汉建筑奠定了中国建筑的理性主义基础。这一时期的建筑伦理内容明确，布局铺陈舒展，构图整齐规则，表现出质朴、刚健、清晰、浓重的艺术风格。

魏晋南北朝时期，玄学得以发展，为日后文人追求出世无为的园林意境奠定了基础；佛教文化及艺术与中国传统文化相交融，佛教建筑被大量兴建，出现了许多寺、塔、石窟和精美的雕塑与壁画。

二、各朝代的建筑特征

（一）秦（公元前221年—公元前206年）

秦是中国历史上第一个统一的中央集权的封建国家。这一时期的一个伟大的建设工程是万里长城。秦朝第一次将战国时各诸侯国的长城，连接为一条较为完整的防御结构体系。

砖的发明是建筑史上的重要成就之一，在秦朝已有承重用砖，如：秦始皇陵东侧的俑坑中有砖墙，砖质坚硬；秦咸阳宫遗址也发现有大量瓦当、花砖、石雕和青铜构件。

秦始皇统一中国后，瓦当图案更加丰富多样，除流行云纹和葵瓣花纹外，

还有四鹿纹、四兽纹、子母凤纹等，构图更加饱满，形式愈加华丽。此外，秦代开始出现吉祥文字瓦当，如“唯天降灵，延元万年，天下康宁”十二字篆文瓦当。

（二）汉（公元前 206 年—公元 220 年）

两汉时期可谓中国传统古建筑发展的青年时期，建筑事业极为活跃，汉代史籍中关于建筑的记载颇丰。在建筑技术方面，汉代建筑组合和结构处理日臻完善，并直接影响了中国两千年来民族建筑的发展。整个汉代处于封建社会上升时期，社会生产力的发展促使建筑方面取得显著进步，这一时期是我国古建筑史上的繁荣时期。

1.常见木结构已经形成

根据当时的画像砖、画像石、明器等间接资料来看，后世常见的叠梁式和穿斗式两种主要木结构已经形成。

2.多层建筑出现

在甘肃武威和江苏句容出土的东汉陶屋上，可看到高达五层的建筑形象。在各地汉墓中还发现了三、四层楼的陶屋明器。这些可以证明，在汉代多层木架建筑已较普遍，木架建筑的结构和施工技术有了巨大进步。

3.斗拱得到普遍使用

作为中国古代木架建筑显著特点之一的斗拱，在汉代已经普遍使用。在东汉的画像砖、明器和石阙上，都可以看到种种斗拱的形象。但当时的斗拱形式很不统一，其结构作用较为明显——即为了保护土墙、木构架和房屋的基础，而用向外挑出的斗拱承托屋檐，使屋檐伸出到足够的宽度。

4.屋顶式样出现不同变化

随着木结构技术的进步，作为中国古建筑特色之一的屋顶，形式日趋多样。从汉代明器、画像砖等资料可知，当时悬山顶和庑殿顶较为普遍，攒尖顶、歇山顶等也已应用。

5.在制砖技术和拱券结构方面有了巨大进步

战国时创造的大块空心砖，大量出现在河南一带的西汉墓中。西汉时还创造了楔形和有榫的砖。在洛阳等地，还发现用条砖与楔形砖砌拱作墓室，有时也采用企口砖以加强拱的整体性。当时的筒拱顶有纵联砌法与并列砌法两种。到了东汉，纵联拱成为主流，并已出现在长方形和方形墓室上砌筑的砖穹窿顶。穹窿顶的矢高比较大，壳壁陡立，四角起棱，向上收结成拱顶状。采用这种陡立的方式，可能是为了便于无支模施工，同时可使墓室比较高敞。

6.雕饰艺术的广泛运用

在很多的汉代建筑遗址及出土文物上，都有建筑雕饰的存在。汉代雕饰可以分成三大类：雕刻、绘画及镶嵌。雕饰题材可分为人物、动物、植物、文字、几何纹等。

7.建筑规模宏大

西汉建造了大规模的都城和大尺度、大体量的宫殿，如未央宫、建章宫、明光宫等汉代历史上较为著名的宫殿均豪华壮丽、门阙巍峨。

8.皇家园林有所创新

汉代，在囿的基础上发展出新的园林形式——苑，苑中养百兽，供帝王射猎取乐。苑中还有宫、有观，成为以建筑组群为主体的建筑宫苑。汉武帝刘彻扩建的上林苑，地跨五县，周围三百里，既有皇家住所，欣赏自然美景的去处，也有动物园、植物园、狩猎区，甚至还有跑马赛狗的场所，是中国皇家园林建设的高峰。

9.恢复上古的明堂制度

汉武帝恢复了上古的明堂制度，将明堂作为“以祖先配祀天地”的圣殿。按《周礼·冬官考工记》“左祖右社”的规定，祭祀祖先的太庙一般位于宫门前东侧，和祭社的太庙社坛东西对峙。“明堂”又称“世室”“重屋”，为皇帝朝会诸侯、发布政令、秋季大享祭天、祀祖宗的场所，其功用相当于后代宫殿和坛庙的总和。

（三）魏晋南北朝（220 年—589 年）

在这三百多年间，中国建筑发生了较大的变化，特别在进入南北朝以后变化更为迅速。此阶段建筑发展的特征主要表现在：

1.佛教建筑是这一时期最突出的类型

魏晋南北朝时期，统治阶级出于自身统治的需要，大力推崇佛教。由于佛教的迅速传播，魏晋南北朝成为佛寺、佛塔和石窟发展的黄金时期。

佛教建筑主要有佛寺、佛塔和石窟等。据记载，北魏建有佛寺三万多所，仅洛阳就有一千三百六十七寺。南朝都城建康（今南京）也建有佛寺五百多所。

佛塔传到中国后，缩小成塔刹，和中国东汉已有的各层木构楼阁相结合，形成了中国式的木塔。除木塔外，此时还发现有石塔和砖塔。

重要的石窟有大同云冈石窟、敦煌莫高窟、天水麦积山石窟、洛阳龙门石窟、太原天龙山石窟等。在这些石窟中，规模最大的佛像都由皇室或贵族、官僚出资修建，窟外还往往建有木建筑加以保护。石窟中所保存下来的历代雕刻与绘画是我国宝贵的古代艺术珍品，也是研究南北朝时期建筑的重要资料。

2.自然山水园林有了较大发展

魏晋南北朝时期，自然山水园林有了较大的发展。宫苑形式被扬弃，而古代苑囿中山水的处理手法被继承。以山水为骨干是园林的基础，构山要重岩覆岭、深溪洞壑，崎岖山路，涧道盘纡，合乎山的自然形势；山上要有高林巨树、悬葛垂萝，使山林生色；叠石构山要有石洞，能潜行数百步，好似进入天然的石灰岩洞一般；同时又经构楼馆，列于上下，半山有亭，便于憩息；山顶有楼，远近皆见，跨水为阁，流水成景。这样的园林创作方能达到妙极自然的意境。

在这一时期，文人雅士厌烦战争，玄谈玩世，寄情山水，纷纷建造私家园林，把自然风景山水缩写于自己的私家园林中。例如，西晋石崇的金谷园是当时著名的私家园林。金谷园地形既有起伏，又是临河而建，引来金谷涧的水，形成园中水系，河洞可行游船，人坐岸边又可垂钓，岸边杨柳依依，还有繁多的树木、飞禽等。

3.建筑物的内部有所增高

十六国时期，西北少数民族大量移入中原地区，带来了不同的生活习惯。在原来汉族席地而坐使用低矮家具的传统中，又增加了垂足而坐的高坐具——方凳、圆凳、椅子等，在壁画、雕刻中可以看到这些家具的形象。这一新习惯虽然还未完全取代旧传统，但为宋以后废弃席地而坐创造了前提。由于家具加高了，建筑物的内部也必然随之增高。

4.石刻技术进一步提高

在石刻方面，南京郊区一批南朝陵墓中的石辟邪、墓表等可体现出技术水平比汉代有了进一步提高。石辟邪简洁有力，概括力强；墓表比例精当，造型凝练优美，细部处理贴切。这些与河北定兴北齐石柱，同是南北朝时期的艺术珍品。

5.城镇空间艺术基本定型

魏晋南北朝是中国古代城镇空间艺术逐步定型的重要阶段，也是一个承前启后的阶段，有着深远的影响。以北魏洛阳为代表的城镇，直接为隋唐的长安城和洛阳城的建设提供了蓝本，奠定了以后城镇空间艺术发展的基础。

三、秦、汉、魏晋南北朝时期的典型建筑

（一）咸阳宫

秦都咸阳，是现知始建于战国的最大城市。咸阳宫东西横贯全城，连成一片，居高临下，气势雄伟。据考古发现，在接近宫殿区中心部位有咸阳宫“一号宫殿”遗址。“一号宫殿”遗址东西长 60 米，南北宽 45 米，高出地面约 6 米，利用土塬为基加高夯筑成台，形成二元式的阙形宫殿建筑。台顶建楼两层，其下各层建围廊和敞厅，使全台外观如同三层，非常壮观。上层正中为主体建筑，周围及下层分别为卧室、过厅、浴室等。下层有回廊，廊下以砖墁地，檐

下有卵石散水。室内墙壁皆绘壁画，壁画内容有人物、车马、动物、植物、建筑、神怪和各种边饰。色彩有黑、赭、大红、朱红、石青、石绿等。

（二）建章宫

汉武帝刘彻于太初元年（公元前 104 年）建造了建章宫。关于建章宫，《三辅黄图》载："周二十余里，千门万户，在未央宫西、长安城外。"武帝为了往来方便，从未央宫直至建章宫筑有飞阁辇道。

就建章宫的布局来看，从正门圆阙、玉堂、建章前殿和天梁宫形成一条中轴线，其他宫室分布于左右，全部围以阁道。宫城内北部为太液池，池中筑有蓬莱、瀛洲、方丈三神山，宫城西面为唐中庭、唐中池。中轴线上有多重门、阙，正门为阊阖，也叫璧门，高 25 丈，是城关式建筑。后为玉堂，建台上。屋顶上有铜凤，高五尺，饰黄金，下有转枢，可随风转动。在璧门北，起圆阙，高 25 丈，其左有别凤阙，其右有井干楼。进圆阙门内二百步，最后到达建在高台上的建章前殿，气魄十分雄伟。宫城中还分布众多不同组合的殿堂建筑。璧门之西有神明，台高 50 丈，为祭金人处，有铜仙人舒掌捧铜盘玉杯，承接雨露。

太液池是一个相当宽广的人工湖，因池中筑有三神山而著称。这种"一池三山"的布局对后世园林有深远影响，并成为创作池山的一种模式。太液池畔还有石雕装饰以及大量的植物和禽鸟。

（三）云冈石窟

位于山西省大同市的云冈石窟代表了 5 世纪至 6 世纪时中国杰出的佛教石窟艺术，与甘肃敦煌莫高窟、河南龙门石窟并称"中国三大石窟群"，也是世界闻名的石雕艺术宝库之一。

云冈石窟依山而凿，东西绵延约 1 公里，气势恢宏，内容丰富。最小的佛像仅高 2 厘米，最大的高达 17 米，多为神态各异的宗教人物形象。石窟有形制多样的仿木构建筑物，有主题突出的佛传浮雕，有精雕细刻的装饰纹样，还有栩栩如生的乐舞雕刻，生动活泼，琳琅满目。窟中菩萨、力士、飞天形象生动活泼，塔柱上的雕刻精致细腻，上承秦汉现实主义艺术的精华，下开隋唐浪漫主义色彩之先河。

云冈石窟按照开凿的时间可分为早、中、晚三期，不同时期的石窟造像风格也各有特色。早期的“昙曜五窟”气势磅礴，具有浑厚、纯朴的西域情调；中期的石窟则以精雕细琢，装饰华丽著称于世，显示出复杂多变、富丽堂皇的北魏时期艺术风格。晚期石窟的窟室规模虽小，但人物形象清瘦俊美，比例适中，是中国北方石窟艺术的榜样和“瘦骨清像”的源起。

第四节　隋唐时期的建筑

一、概述

隋唐时期，国内民族大统一，又与西域交往频繁，更促进了多民族间的文化艺术交流，形成了理性与浪漫相交织的盛唐风格，把中国古代建筑推到了成熟阶段，并影响了朝鲜、日本的建筑发展。

隋唐时期，城市建设、木架建筑、砖石建筑、建筑装饰设计和施工技术等方面都有巨大发展，中国传统建筑的技术与艺术在这三百多年间提升到一个新的历史高度。

二、各朝代的建筑特征

（一）隋代（581 年—618 年）

隋统一中国，结束了长期战乱和分裂的局面，为封建社会经济、文化的进一步发展创造了条件。

1.大量的建筑实践活动推动了建筑技术的发展

隋炀帝即位便大兴土木，这一举动固然是劳民伤财的不义之举，但在一定程度上推动了建筑技术和艺术的发展，隋代建筑因此取得了突出成就。

从建筑技术上看，木构件的标准化程度极高，建筑规模空前。在建筑设计上，隋代已采用图纸与模型相结合的办法，并做模型送朝廷审议。

2.追求雄伟壮丽的建筑风格，建造了规划严谨的都城——大兴城

隋代建筑追求雄伟壮丽的风格，首都大兴城规划严谨，分区合理，其规模在一千余年间始终为世界城市之最。大兴城是隋文帝时所建，洛阳城是隋炀帝时所建，这两座城被唐朝继承，进一步充实发展而成为西京和东京，也是我国古代宏伟、严整的方格网道路系统城市规划的范例。

3.水利和桥梁工程建筑成就卓越

隋代连通开凿了大运河。石桥梁技术所取得的成就也十分突出，其代表作“赵州桥”是现存世界上最早的敞肩拱桥。

（二）唐代（618 年—907 年）

唐代不仅给中华民族留下了许多伟大的诗篇，还留下了诸多壮丽秀美的建筑。唐人豪迈的品格、超凡的才华既凝集在诗歌中，也刻画在建筑上。唐初，唐太宗李世民主张养民，崇尚简朴，兴建宫室的数量和规模都很有限。经过贞观之治，到开元、天宝年间，唐朝的建筑形成了一种独具特色的“盛唐风格”，建筑艺术达到了巅峰。安史之乱以后，唐王朝逐步走向没落，中晚唐建筑也因

此少了盛唐建筑的雄浑之气，多了些柔美装饰之风。随着高足家具的普及，晚唐的建筑比例也有所变化。

归纳唐代建筑发展，主要有下列成就和特点：

1.建筑规模宏大，规划严整

唐朝首都长安是当时世界最宏大、繁荣的城市。长安城的规划是我国古代都城中最为严整的，它的布局形势影响到了周边的一些国家，如日本平城京（今奈良市）和后来的平安京（今京都市）等，这些城市的布局方式和唐长安城基本相同，只是规模较小。

唐长安大明宫如不计太液池以北的内苑地带，遗址范围相当于明清故宫总面积的 3 倍多。大明宫中的麟德殿面积约为清故宫太和殿的 3 倍。

2.建筑群处理愈趋成熟

唐代加强了城市总体规划，宫殿、陵墓等建筑也加强了突出主体建筑的空间组合，强调了纵轴方向的陪衬手法。例如，乾陵的布局，不用秦汉堆土为陵的办法，而是利用地形，以梁山为坟，以墓前双峰为阙，再以二者之间依势而向上坡起的地段为神道，神道两侧列门阙及石柱、石兽、石人等，用以衬托主体建筑，花费少而收效大。这种善于利用地形和前导空间与建筑物来陪衬主体的手法，为明清陵墓布局所仿效。

3.木建筑解决了大面积、大体量的技术问题，并已定型化

这具体表现为斗拱的完善和木构架体系的成熟。大体量建筑改用减柱法，加大空间，唐初宫殿中木架结构已具有与故宫太和殿约略相同的梁架跨度。典型建筑遗存有唐代后期五台山南禅寺正殿和佛光寺大殿等。用材制度的出现，反映了施工管理水平的进步，提高了施工速度，便于控制木材用料，掌握工程质量，对建筑设计也有促进作用。

4.设计与施工水平提高

唐代出现了负责设计和组织施工的专业建筑师——梓人（都料匠）。这些设计与施工的技术人员专业技术非常熟练，专门从事公私房屋的设计与现场施工指挥，并以此为生。

5.砖石建筑进一步发展

唐代佛教兴旺，砖石佛塔非常流行，中国地面砖石建筑技术和艺术因此得以迅速发展。目前，我国保存下来的唐塔全是砖石塔。唐时砖塔有楼阁式、密檐式与单层塔等三种，其中楼阁式砖塔由木塔演变而来，这种塔符合传统习惯的要求，可供登临远眺，又较耐久，西安大雁塔（经明代重修）就是这种塔的典型实例。

6.建筑艺术加工的真实和成熟

唐代建筑风格的特点是气魄宏伟，严整而又开朗。现存的唐代木建筑遗物反映了唐代建筑艺术加工的真实和成熟。

第一，在建筑物上没有纯粹为了装饰而加上去的构件，也没有歪曲建筑材料性能使之屈从于装饰要求的现象。例如，斗拱的结构职能极其鲜明，华拱是挑出的悬臂梁，下昂是挑出的斜梁，都负有承托屋檐的责任；不用补间铺作或只用简单的补间铺作，说明补间在承担屋檐重量方面没有柱头铺作重要；其他如柱子卷杀、斗拱卷杀、昂嘴、要头的形象和梁的加工等都体现了构件本身受力状态与形象的关系。

第二，色调简洁明快，屋顶舒展平远，门窗朴实，给人以庄重、大方的印象。这是在宋元明清建筑上不易找到的特色。

第三，唐时琉璃瓦也较北魏时期增多了。长安宫殿出土的琉璃瓦以绿色居多，黄色、蓝色次之。

三、隋唐时期的典型建筑

（一）桥梁——赵州桥

赵州桥又名安济桥，由隋代李春设计建造，是当今世界上跨径最大、建造最早的单孔敞肩型石拱桥。1961 年，赵州桥被国务院列为第一批全国重点文物保护单位。1991 年 9 月，赵州桥被美国土木工程师学会选定为第十二个“国际土木工程里程碑”，并在桥北端东侧建造了“国际土木工程历史古迹”铜牌纪念碑。

赵州桥横跨洨河两岸，在那大拱券的两端，有两个小券斜立在大拱的肩上。从远处看上去，好像一条巨龙在河中饮水，又好像圆润的玉环正好下沉了一半。现在桥的西面，有清代补葺的石栏板，正中几片刻有中国传统建筑上常见的龙兽造型。桥东南，还有明代的石板。桥的北端，有很长的雨道，由较低的北岸村中渐渐斜达桥上。桥北端墩壁的东面，有半圆形的金刚雁翅来保护桥基及堤岸。南岸的高度比桥背低不多，不用甬道，而是在桥头建立了一座关帝阁，凡是由桥上经过的行旅，都得由这关帝阁的门洞通行。桥面分为三股道路，正中走车，两旁行人。

赵州桥历经 1 400 多年仍然安稳，主要得益于它独特的结构，这是中国工匠的智慧结晶。桥的主拱由 28 道相互独立的拱券并列而成，建桥时先砌中间的，再砌两边的。每道拱券宽约 35 厘米，形成拱券的各块条石之间用两个形似锯子的“腰铁”相连加固，这样每条拱券坏了可以单独修理，不会影响整个桥身。为了防止拱券向外倒，工匠们还用九个一头是孔、一头是钩的铁连杆横向连接了 28 道拱券，在最外边的拱券处还有一个铁冒头；此外还用 6 个条石钩拉住外侧桥拱。桥的两端阔而中间较窄，桥两端要比中间宽 51～74 厘米，这绝非施工不慎所致，而是设计者预见到各个单券都有向外倾倒的危险，因此特意减小中部阔度，使各道有向内的倾向，来抵制向外倾倒的危险，用心细密而有创意。

主拱上面的小拱券既节省了材料，还减轻了大拱券上的死荷载，发洪水的时候，其又能起到泄洪的作用，减轻桥身的压力。像赵州桥这样在桥两端的石拱上开辟券洞的结构叫“敞肩拱”，这是世界桥梁中的首创。这种建筑样式直到 19 世纪中叶以后，才盛行于欧洲，比起赵州桥，晚了 1 200 多年。

（二）石窟

山西太原的天龙山石窟，为隋代石窟中最富有建筑趣味的。该石窟虽始建于北齐，但隋、唐两代添凿的更多。其中，开凿于开皇四年（584 年）的一窟，的柱廊结构最为独特。

（三）殿堂

唐代殿堂建筑承魏晋南北朝以来的传统，已形成中国建筑最主要的类型之一。唐代殿堂建筑的阶基、殿身和屋顶三部分至今仍是中国古建筑技术和艺术的典型代表。下面，主要介绍佛光寺大殿和南禅寺大殿。

1.佛光寺大殿

佛光寺大殿位于山西省五台县豆村东北，五台山西麓的佛光寺内，始建于北魏孝文帝时期（471 年—499 年），后被毁，又于唐大中十一年（857 年）得以在原址重建。大殿集唐代建筑、雕塑、书法、绘画四种艺术于一堂，具有极高的历史和艺术价值。

佛光寺大殿是现存唐代殿堂型构架建筑中最典型、规模最宏大的一例，大殿共用 7 种斗拱，是现存建筑中挑出层数最多、挑出距离最远的。

2.南禅寺大殿

南禅寺大殿重建于建中三年（782 年）。南禅寺大殿虽然很小，但其舒缓的屋顶，雄大疏朗的斗拱，简洁明朗的构图，体现出一种雍容大度、气度不凡、健康而爽朗的格调。

（四）楼

开元寺钟楼，位于石家庄市正定县。据《正定县志》及寺内原存碑刻记载，开元寺为东魏兴和二年（540 年）始建，称净观寺。隋开皇十一年（591 年）改为解慧寺。唐乾宁五年（898 年）重修，更名为开元寺。宋、明、清历代均有修葺，但仍保持唐代建筑风格。

开元寺钟楼面阔三间，进深三间，为二层楼阁式建筑，青瓦歇山顶，通高14米，出上下两层檐，平面呈正方形，总面积170平方米。

开元寺钟楼为砖木结构。下层的檐柱和金柱，有明显的卷刹、侧角。斗拱用材雄大，柱头和转角均为五铺做出双抄、偷心造。内槽仅用柱头铺做，拱上承托钟架。钟架与钟楼上层梁架相交。上层是六架椽屋，用四柱插柱造，外檐无斗拱。形制古朴壮观。

开元寺钟楼上悬挂一口铜钟。钟高2.9米，口径1.56米，厚15厘米，造型朴实，声音洪亮，是一件唐代遗物。开元寺钟楼为国内现存少见的钟楼，对于研究我国古代建筑史有着重要的价值。

（五）塔

现存唐塔的主要特征是：除极个别墓塔外，佛塔的平面均为正方形；各层楼板扶梯一律为木构，实为一上下贯通的方形砖筒。现存的唐塔主要有以下几座：

1.玄奘塔

玄奘塔位于陕西省西安市南郊少陵原畔兴教寺内，为玄奘墓塔，建于唐总章二年（669年），是现存最早的楼阁型方形砖塔。兴教寺内现存玄奘及其弟子圆测和窥基的墓塔共3座，还有一些近代重修的建筑。兴教寺于1957年被列为第二批省级重点文物保护单位，寺塔于1961年被列为全国重点文物保护单位。

玄奘塔平面呈方形，高20余米，以腰檐划分为5层。第一层最高，有方形龛室，二层及以上为实心建筑。塔身逐层收减高宽，外形有明显的收分。

2.大雁塔

大雁塔坐落于陕西省西安市南部的慈恩寺内，始建于652年。大雁塔是楼阁式砖塔，塔身呈方形角锥体，由青砖砌成，磨砖对缝，结构严整，外部由仿木结构形成开间，大小由下而上按比例递减，塔内有螺旋木梯可攀登而上。每层的四面各有一个拱券门洞，可以凭栏远眺。

整个建筑气魄宏大，格调庄严古朴，造型简洁稳重，比例协调适度，是唐代建筑艺术的杰作。大雁塔是古城西安的标志性建筑，也是闻名中外的胜迹。国务院于1961年将其列为第一批全国重点文物保护单位。

3.小雁塔

小雁塔位于西安城南荐福寺内，与大雁塔相距3千米，且低于大雁塔。玲珑秀丽的小雁塔与雄伟庄严的大雁塔风格迥异。这座密檐式砖塔略呈梭形，每层叠涩出檐，檐下砌有两层菱角牙子，形成重檐密阁、飒爽秀丽的美感效果。塔上的唐代线刻，尤其是门楣的天人供养图像，艺术价值很高。

4.法王寺塔群

法王寺塔群，位于登封市北7公里嵩山太室山南麓玉柱峰下法王寺后，为法王寺附属建筑物。现存古塔6座，其中密檐式唐塔1座，单层唐塔3座，元塔和清塔各1座。下面主要介绍唐塔。

密檐式唐塔，平面呈正方形，高34.187米，边长7米，为15级密檐式砖塔。外廓呈抛物线型，塔身以上为15层密檐，檐间有假门窗，通体用白灰敷皮。塔身南面辟圆券门，门内为塔心室，平面为方形。

单层唐塔均为单层砖塔，方形基座。其中1号塔高15米，单层，边长4.4米；2号塔高8米，边长4.25米；3号塔高7米，边长3米。塔身叠涩出檐，塔身南面开券门。塔刹用青石雕刻而成，上置砖砌覆钵，四周镶嵌8块雕花插角石，覆钵上有仰莲或石刻圆盘等，再上置相轮，最上为石雕宝珠，塔刹四周有莲花、卷草、飞天等精美雕刻。1号唐塔的时代应在初唐，2号、3号唐塔塔身明显变短，其时代可能在唐中晚期。

5.灵岩寺慧崇塔

灵岩寺位于山东省济南市长清区境内，建于方山之阳。这里峰峦奇秀，松柏葱茏，古塔高耸，景色优美。灵岩寺为我国唐代四大名刹之一，于1982年被列为全国重点文物保护单位。

慧崇塔，位于灵岩寺塔林的北上坡最高处，建于唐天宝年间（742 年—756 年），为单层重檐石塔。整个塔由塔基座、塔身、塔顶三部分组成。塔基座筑成须弥座式。塔身的东、南、西三面辟门。南面辟真门，可以进到塔内。东、西两面为半掩半开之石雕假门。塔顶为重檐，以石板叠涩挑出，又逐层内收，以露盘、仰莲、宝珠组成塔刹。此单层石塔古朴醇厚，颇具盛唐风格。

6.开元寺须弥塔

开元寺钟楼西侧矗立着一座塔，名须弥塔。因其为砖结构，故又俗称砖塔。塔高约 42.5 米，共 9 层，平面呈方形。底层是石砌方座，四角有八尊石雕力士，正面有一拱门，但不能由此攀登。上面八层均为方门，四角悬有风铎。顶部塔刹呈葫芦形。方形塔身各层均有砖叠砌而成的塔檐，使整座塔显得造型古朴，端庄大方。

须弥塔始建于唐贞观十年（636 年），虽于明代大修，但仍保持了明显的唐塔风格，因此开元寺对于研究我国古代佛教建筑发展历史具有重要的价值。1956 年，开元寺被河北省人民政府列为省级重点文物保护单位。1988 年，开元寺被列为全国重点文物保护单位。

（六）陵墓

1.隋文帝泰陵

隋文帝的泰陵，位于陕西省咸阳市杨陵区。陵冢往南是一座清代石碑，大约高三米，碑上刻着“隋文帝泰陵”五个清晰的大字，由乾隆年间陕西巡抚毕沅所书。泰陵的陵南和陵东两块高地上，有当年隋文帝庙的遗迹。原祀庙的垣墙建筑早已毁掉，现在只剩残砖碎瓦，但是我们仍然可以想象出当初祀庙的规模是多么宏大。在这些残砖碎瓦中，比较多的是莲花状的方砖，方砖中央是浮雕的莲花图案，角边饰以蔓草，四周刻着连珠纹，非常美观大方。尤其珍贵的是，这里还发现了一枚残破的以菩萨形象为纹饰的瓦当。它的正面用弦纹和连珠纹组成一个心形，中心端坐着一尊双手合十的菩萨。这种直接以菩萨为纹饰的瓦当在国内是非常罕见的。

隋文帝的泰陵，在中国陵寝史上具有承前启后的地位，为以后唐宋陵寝的发展奠定了基础。

2.唐太宗的昭陵

唐太宗李世民是唐高祖李渊的次子，他为建立统一强大的唐王朝征战疆场，屡建战功。后来，李世民成为一个比较有作为的帝王，在他当政期间，出现了历史上有名的“贞观之治”，为盛唐经济、文化的高度发展奠定了基础。

李世民生前选定陕西礼泉县的一座海拔 1 180 米的山峰作为自己的陵墓。他想借自然山势，体现大唐君主豪雄非凡的精神。著名画家阎立德、阎立本兄弟精心设计，使陵墓与山合一。

昭陵的建制非常奢华，整个陵园方圆几十公里，气势壮观雄伟，是以往的帝王陵园所无法比拟的。墓室内部也非常华丽，传说举世闻名的大书法家王羲之手书《兰亭序》真迹就在其中。

昭陵的玄武门外有一个梯形的祭坛，祭坛陈列着 14 个少数民族酋长的石像。唐太宗生前平定突厥，与吐蕃和亲，为中华民族的发展做出了贡献，深得各族人民的拥护。

祭坛的东西庑殿中陈列着世界闻名的浮雕石刻——六骏。昭陵六骏，是李世民当年统一全国，南征北战所骑的六匹战马：特勒骠、青骓、什伐赤、飒露紫、拳毛䯄和白蹄乌。其中，飒露紫是唯一旁边伴有人像的。传说，李世民在一次作战中与随从失散了，敌方的骑兵一箭射中了飒露紫，丘行恭拼死护驾。李世民后来为了表彰他的功绩，就把这段情形刻在了石屏上。中箭后的飒露紫垂首侍立，丘行恭果断拔箭，这种救护之情，实在是人马难分，情感真挚。唐太宗特命阎立本将这六匹马画下来，钦选名匠将他们雕刻成六块浮雕。在每块浮雕的右上角，还由当时著名书法家欧阳询书写上唐太宗自撰的赞词。唐太宗以此既是纪念“六骏”，也是张扬自己统一天下的赫赫战功。

陵园内昭陵居高临下，160 多座功臣贵戚的陪葬墓分布在两侧，其中有魏徵、房玄龄、温彦博、李靖、尉迟恭等人的坟墓。

3.唐高宗的乾陵

乾陵是唐高宗李治与中国历史上唯一的女皇帝武则天的合葬之地，是全国乃至世界上唯一的一座夫妇皇帝合葬陵，也是唐代帝王在陕西关中地区“十八陵”中保存得比较完整的一座，非常具有代表性。

陵地距西安 80 公里，坐落于梁山之上。乾陵以山为陵，气势雄伟，规模宏大，曾有诗句这样描写乾陵“千山头角口，万木爪牙深”。乾陵坐拥三峰，风景秀丽，远望宛如一位女性仰卧大地而有“睡美人”之称。主峰海拔 1 047.9 米，系石灰岩质，呈圆锥形。山峰有三，北峰为主峰，南二峰较低，东西对峙。

乾陵墓道在陵墓的正南方，全部用石条填砌，层叠于墓道口到墓门。石条是交错砌压的，石条之间用铁栓板固定，又浇上铁汁。乾陵是唐代 18 座帝王陵墓中唯一没被盗掘过的。

陵园周长约 40 公里，园内建筑仿唐长安城格局营建，宫城、皇城、外郭城井然有序。初建时，宫殿祠堂、楼阙亭观，遍布山陵，建筑恢宏，富丽壮观。陵园内现存有华表、翼马、鸵鸟、无字牌、述圣记碑、石狮、六十一蕃臣像等大型石雕刻 120 多件，整齐有序地排列于的司马道两侧，气势宏伟，雄浑庄严，被誉为“盛唐石刻艺术的露天展览馆”。

“无字碑”是武则天为自己而立的。武则天坚信自己的力量所在，相信自己所做的一切比起那石刻的文字更坚实永恒，所以无须在碑上为自己刻写什么，这充分反映了武则天的真性情。

武则天进宫后，宫中有一匹暴烈的马，叫狮子骢，没有人能够制服它。武则天说，我能制服它，但要有三件器物：一是铁鞭，二是铁锤，三是匕首。用铁鞭抽打它，若不服，就用铁锤打它的头，再不服，就用匕首割断它的喉咙。她执政后，就是用制马的办法，驾驭群臣，形成了强有力的统治，保证了国家的巩固与统一。

据历史文献记载，乾陵玄宫随葬了大量的金银器、珠宝玉器、铜铁器、琉璃、陶瓷、丝绸织物、漆木器、石刻、食品、壁画及书画墨宝等。

第五节　五代至元代的建筑

一、概述

从晚唐开始，中国又进入三百多年的分裂战乱时期，北方黄河流域先后出现后梁、后唐、后晋、后汉、后周五个政权，南方地区出现吴、南唐、吴越、前蜀、后蜀、楚、闽、南汉、南平九个政权，再加上北方割据太原的北汉，史称“五代十国”，接着又是宋与辽、金等的对峙。在这一时期，中国社会经济遭到一定的破坏，建筑也从唐代的高峰上跌落下来，但由于商业、手工业的发展，城市布局、建筑技术与艺术，仍然有不少提高与突破。

元代由于领土广阔以及受宗教信仰和民族风俗等因素的影响，产生了一些新的建筑类型，如喇嘛塔等。汉族固有的建筑形式和技术在元代也有所变化，如在官式木构建筑上直接使用未经加工的木料等，使元代建筑形成粗犷豪放的独特风格。

二、各朝代的建筑特征

（一）五代（907 年—960 年）

唐代中叶经过“安史之乱”后，藩镇割据，宦官专权，唐朝势力日益衰落。唐末，黄巢农民起义爆发，严重打击了唐朝的统治，最后政权落入朱温之手，其建立了后梁，从此中国又进入了分裂时期。

五代十国是唐末以来藩镇割据局面的延续，它们的开国君主都是掌握兵权的武将。当时，北方政权更迭，战事不断，政局动荡不安；南方地区由于受战乱影响较小，政局相对稳定，经济在原有的基础上也有一定的发展。

五代十国延续了晚唐的建筑风格，很少有创新，仅在石塔建筑和砖木结构塔的建筑上比唐代有所发展。但由于地方割据，交通、人员阻隔，其建筑的地方差异性逐渐扩大。

（二）宋代（960 年—1279 年）

1.城市结构和布局有了根本变化

唐代以前的封建都城，都实行夜禁和里坊制度。到了宋代，日益发展的手工业和商业迫切要求改变这些制度。于是，北宋都城汴梁（今河南开封）不再采取夜禁和里坊制度，城市消防、交通运输、商店、桥梁等都有了新的发展。汴梁城有皇城、内城、外郭三重城墙，内城位于外郭的中部，皇城位于内城中偏西北。三重城墙层层相套，各有护城河，防御体系严密。

2.木架建筑采用了模数制

北宋时，北宋官方颁布的建筑规范《营造法式》规定，把“材”作为造屋的标准，即木架建筑的用“材”尺寸分成大小八等，按屋宇的大小、主次用“材”。每一等级的“材”对应有一套木构架部件的尺寸，工匠只要根据选定的“材”以及配套的部件尺寸就能进行施工，省时方便，这便是“材分制”。“材分制”是古代建筑中的一种建筑模数制度，就是以一套标准数值单位，按照一定的倍率加以增减，来设计协调建筑的比例关系。《营造法式》是一部有关建筑设计和施工的规范书籍，是一部完善的建筑技术专书。这部书的颁行，反映出中国古代建筑到了宋代，在工程技术与施工管理方面已达到了一个新的历史水平。

3.建筑群组合方面有所改变

在总平面上加强了进深方向的空间层次，以便衬托出主体建筑，建筑的体量与屋顶的组合更为复杂。

4.建筑装修与色彩有很大发展

宋代建筑的风格虽不再有唐代的雄浑、阳刚之美，却创造出了一种符合时代气质的阴柔之美。宋代建筑造型更加多样，且变化较大，比例偏于纤细，装饰繁密复杂，色彩绚丽。

（1）门与窗

唐代多采用板门与直棂窗，宋代则大量使用格子门、格子窗等。宋代的门窗格子除方格外还有古钱纹等，改善了采光条件，增加了装饰效果。明清时门窗式样基本上是承袭宋代做法。

（2）色彩运用

唐代及以前的建筑色彩以朱白两色为主，如：佛光寺大殿木架部分刷土朱色；敦煌唐代壁画中的房屋，木架部分一律用朱色，墙面部分一律用白色，门窗用部分青绿色和金角叶、金钉等作为点缀，屋顶以灰色和黑色筒瓦为主，或配以黄绿剪边。总之，唐代建筑色彩明快端庄。到了宋代，木架部分采用各种华丽的彩画，包括遍画五彩花纹的“五彩遍装”，以青绿两色为主的“碾玉装”和“青绿叠晕棱间装”，以及由朱白两色发展而来的“解绿装”和“丹粉刷饰”等，加上屋顶部分大量使用琉璃瓦，于是建筑变得华丽了。

宋代发展了大方格的平棊与强调主体空间的藻井，而较少采用小方格组成的平闇。内部空间分隔则采用格子门。家具基本上废弃了唐以前席坐时代的低矮尺度，普遍因垂足坐而采用高桌椅，室内空间也相应提高。从《清明上河图》中可以看出，京城汴梁的民间家具也采用了新的方式。所以宋代建筑从外貌到室内，都和唐代有显著不同。

5.砖石建筑的水平达到新的高度

宋代的砖石建筑主要是佛塔，其次是桥梁。目前，留下的宋塔数量很多，遍布于黄河流域以南各省。

（1）佛塔

宋代佛塔绝大多数是砖石塔。砖石塔的特点是发展了八角形（少数用方形、六角形）平面的可以登临远眺的楼阁式塔，塔身多作筒体结构，墙面及檐部多仿木建筑形式或运用木构屋檐。四川地区则多方形密檐塔。

（2）桥梁

北宋时所建泉州万安桥，长达 540 米，石梁有 11 米长，抛大石于江底作桥墩基础。

这些砖石建筑反映了当时砖石加工与施工技术所达到的水平。

6.园林兴盛

北宋、南宋时，不仅建造了大量宫殿园林，还出现了大量的苑囿和私家园林。注重意境的园林在这一时期开始兴起。北宋时期，宋徽宗在宫城东北营建奢华的苑囿“艮岳”，其是在平地上以大型人工假山来仿创中华大地山川之优美的范例，也是写意山水园的代表作。艮岳主山寿山，山岭相连，绵延不绝，西延为平夷之岭；有瀑布、溪涧、池沼形成的水系。在这样一个山水兼胜的境域中，树木花草群植成景，亭台楼阁因势布列。南宋在临安（今杭州）、平江（今苏州）等地，建造了大量园林别墅。

（三）辽、西夏、金

1.辽（907 年—1125 年）

契丹原是游牧民族，唐末吸收汉族文化，逐渐强盛，五代时占得燕云十六州，进入河北、山西北部地区，形成与北宋对峙的局面。辽代建筑吸取了唐代北方的传统做法，且工匠也多来自汉族，因而其建筑较多地保留了唐代建筑的手法，在细部上则带有五代时期的一些特征，建筑风格雄壮。从留下来的辽代建筑看，不论体量大小、装修、彩画以至佛像等，都反映出雄浑健壮的特色。宋兴起后，辽中晚期的建筑又受到宋代建筑的影响。

辽国墓室除方形、六角形、八角形外，还常用圆形平面，这是它的特色，可能和游牧民族居住的穹庐有关。佛塔则多采用砖砌的密檐塔，楼阁式塔较少。不少密檐塔的外观极力仿木建筑，已达到了登峰造极的地步，柱、梁、斗拱、门窗、檐口等都用砖仿木构件，与宋朝楼阁式塔的仿木化可谓异曲而同工，其中著名的有北京天宁寺塔、山西灵丘觉山寺塔等。辽代留下的山西应县佛宫寺释迦塔，是我国唯一的木塔，是古代木构高层建筑的实例。

2.西夏（1038 年—1227 年）

西夏于北宋初开始强盛，拓展疆土，并建都兴庆府（今银川市），吸收汉族文化，建立典章制度。从遗存下来的众多佛塔来看，西夏佛教盛行，建筑受宋朝影响，同时又受吐蕃影响，具有汉藏文化双重内涵。典型的建筑遗存为西夏王陵。

3.金（1115 年—1234 年）

金占领中国北方地区后，吸收了宋、辽的文化，并逐步汉化，在建筑方面也同样出现明显的汉化。金代的建筑既承袭了辽代的传统，又受到宋代建筑的影响。现存的一些建筑有些方面与辽代建筑相似，有的方面则和宋代建筑接近。金代的一些殿宇用绿琉璃瓦结盖，华表和栏杆用汉白玉制作，雕镂精丽，是明清宫殿建筑色彩的前驱。在金墓中可以看到砖雕花饰的细密工巧，已走向烦琐堆砌了。

（四）元代（1206 年—1368 年）

元朝是中国古建筑体系的又一发展时期。元大都（今北京）按照汉族传统都城的布局建造，是自唐长安城以来又一个规模巨大、规划完整的都城。元代城市进一步发展了各行各业的作坊、店铺和戏台、酒楼等建筑。从西藏到大都建造了很多藏传佛教寺院和塔，在都城大都以及新疆、云南及东南地区的一些城市陆续兴建伊斯兰教礼拜寺。藏传佛教和伊斯兰教的建筑艺术逐步影响到全国各地。中亚各族的工匠也为工艺美术带来了许多外来因素，使汉族工匠在宋、金传统上创造的宫殿、寺、塔和雕塑等表现出若干新的特征。

木架建筑方面，元代继承宋、金的传统，但在规模与质量上都逊于两宋，尤其在北方地区，一般寺庙建筑加工粗糙，用料草率，常用弯曲的木料作梁架构件，许多构件被简化了。例如：在祠庙殿宇中大胆抽去若干柱子，或取消内檐斗拱，使柱与梁直接联结；或取消襻间斗拱，在檩下搁置随檩枋与垫枋；斗拱结构作用减退，用料减小；不用梭柱、月梁，而用直柱、直梁；等等。这说明，受社会经济凋零、木材短缺等影响，人们在建筑方面不得不采用种种节约措施。这种变化所产生的结果不完全是消极的，两宋建筑趋向细密华丽，装饰繁多，而元代的简化措施除了节省木材，还使木构架加强了本身的整体稳定性（加强梁、枋与柱子之间直接的联系）。减柱法虽然由于没有科学根据而失败，但也是一种革新的尝试。

三、五代至元代的典型建筑

（一）后周皇陵

五代是中国历史上一个分裂割据的时期，由于军阀混战，政权更迭频繁，五代前后几十年共有十三个皇帝。所以，这个时期在陵寝制度上基本没有建树，陵寝建筑也所剩无几。中原唯一保存下来的一座较为完整的陵墓群是位于河南新郑郭店的后周皇陵，包括周太祖郭威的嵩陵、周世宗柴荣的庆陵、周世宗皇后符氏的懿陵和周恭帝柴宗训的顺陵。

1.嵩陵

嵩陵在今河南省新郑市郭店镇，为后周太祖郭威的陵墓。郭威，字文仲，五代后周建立者，显德元年（954 年）4 月葬于嵩陵。陵地北高南低，东西各有一道小土岭，陵墓两侧各有一条干沟。封土现高约 9.4 米，周长约 130 米，保存较好。据《新郑县志》记载，周太祖墓前只有石碑 1 通（现已佚）。

2.庆陵

庆陵现存封土高约 13 米，周长约 160 米，保存尚好。陵前原有御制祭（祝）文碑 44 通，现存 35 通，多数下半截埋入土中，其中 7 通仅露碑首。现存最早的是明宣宗宣德元年（1426 年）所立，最晚的为清宣统元年（1909 年）所立。碑文内容均为赞颂周世宗的功绩。

3.懿陵

懿陵封土现高约 2 米，周长 10 余米，冢土保存很差。

4.顺陵

顺陵封土现高约 3.6 米，周长约 60 米。该陵坐北朝南，地上黄土封冢犹在。顺陵由砖砌墓室、甬道和墓道组成。墓室平面呈圆形，直径约为 6.2 米，高约 7 米，穹窿顶；墓室及甬道壁面均涂白灰，绘彩色建筑木构件和人物图像；墓室顶部绘星象图；墓室周壁的中部墙体上有 6 处凸出叠砌的两块砖，为放灯之用。墓内壁画大部分被盗墓者铲除或剥落，仅墓室西侧留下《武吏端斧图》，甬道东侧留下《文吏迎侍图》各 1 幅。甬道外也有壁画，但由于墓砖堵塞，内容尚无法确知。

墓室西侧的《武吏端斧图》，通高约 1.9 米，宽 1.6 米，画面人高 1.24 米，武吏头带黑色长角幞头，身穿红色圆领服，下穿白色束脚长裤，脚穿云头靴，头稍倾斜，面部微露骄横之气，侧身侍立，两手攒握胸前，斜端一长柄斧。图两侧各绘朱红色立柱，上部绘有枋木及斗拱。甬道东侧的《文吏迎侍图》，通高约 1.4 米，宽 1.7 米，画面人高 1.17 米。图上绘文吏两人，右侧一人头带黑色长角幞头，身穿红色圆领袍，腰系玉带，两手握于胸前侍立，呈侧视状；左侧文吏与右侧的基本相同，仅袍服为白色，呈正视状。两文吏面目清秀，留有长须，面带愁思，恭顺侍立。两幅图的绘画方法基本是用黑色线条勾勒出整体轮廓，然后用红色或白色颜料填色。

（二）十国陵墓

与五代的纷乱局面相比，十国中较为偏安的是南唐、前蜀和吴越。南唐建都金陵（今江苏南京），据长江天险，成为五代十国时期封建文化制度较为完备的地方；前蜀建都于成都；吴越以杭州为都。

南唐最典型的建筑是南唐烈祖李昪的钦陵和他的儿子李璟的顺陵，位于江苏南京南郊的牛首山下。这两个陵毗邻，东依红山，北靠白山，西临山谷，南面是开阔的山坡地。

钦陵和顺陵均封土为陵，陵冢呈圆形，当地百姓称作“太子墩”。顺陵位于钦陵西北，相距五十余米，其北、西面都与山麓相连，隆起不甚显著。二陵的陵园原地面建筑，今均已无存。近年来，在陵园地面废墟上，曾挖掘出精工雕镂的柱础石，可见当时地面建筑的宏丽。钦陵有前、中、后三室，室顶和四面全用青砖叠砌成穹隆状，各室之间有短过道相连。中室放置棺椁，装饰比较讲究。中室和东西便房柱都用石灰粉饰，上面绘满艳丽的牡丹花纹，四壁涂以朱彩。北面壁顶上还横着双龙夺珠和头戴盔胄、身披细甲、手持长剑、足踏祥云的大型武士浮雕像。今浮雕像还残留有敷金涂彩的痕迹。由此可见，当年地宫建筑十分豪华。顺陵虽与钦陵形制略同，但墓内的结构装饰和绘画艺术已失去南唐初年雄伟富丽的气魄。

前蜀高祖王建永陵，位于四川成都，也就是人们一直所称的“抚琴台”，相传是西汉风流才子司马相如抚琴之处。永陵封土为陵，呈圆形。墓室坐北朝南，分为前、中、后三室，每室都有木门间隔。中室面积比较大，是全墓的主体部分。王建的石棺床在中室的中央，床上有玉板台阶 3 层，棺椁停放在台阶之上。石棺床的东、西、南三面有 20 多幅石刻画，内容为 20 多名乐伎弹、跳、吹、击演奏伴舞，是这一时期灿烂的艺术珍品。永陵规模宏大，气势不凡，在五代十国的帝王陵墓中是罕见的。

20 世纪 70 年代初，成都某乡的农民修屋时，在离永陵 300 多米的地方挖出一尊石人，这尊石人可能是永陵之物。石人完好无缺，用整块青石雕琢而成，重达 4 000 多公斤。他头戴素冠，身佩长剑，造型生动，线条古朴粗犷。帝陵前设置如此高大的石像，在五代十国时期极为罕见，反映了前蜀经济、文化发展的情况。

吴越钱元瓘墓，在浙江杭州玉皇山下。钱元瓘是吴越第二个君主，好儒学，善为诗。据记载，杭州大火，宫室焚烧殆尽，元瓘惊惧病狂而卒，葬在玉皇山下。钱元瓘墓为石冢，由于早年曾经被破坏，随葬的器物出土很少，但是在其墓室后的顶部发现了珍贵的石刻星象图，它比世界公认的南宋年间的苏州石刻星象图早了 300 多年，而且图的面积整整大了 4 倍，比较准确地刻画了二十八星宿的位置。

（三）西夏王陵

西夏王陵每个陵园都是独立完整的建筑群体，占地都在 10 万平方米以上；四角建有角楼标志陵园界址，由南往北排列有门阙、碑亭、外城、石像生、内城、献殿和灵台。雕龙栏杆、莲花柱础、琉璃兽石勾头、白瓷板瓦等建筑材料的大量使用，反映出西夏王陵陵园建筑的宏伟和华丽。

（四）金花公主陵

金花公主是金代章宗皇帝心爱的女儿。章宗皇帝经常带她到现在的北京横山游玩，后来金花公主不幸因病去世，章宗皇帝便把金花公主的墓地选在横山上。这里怪石嶙峋，还有各种形状的岩洞，横山下的河水水质清澈。

为了防止被盗，金花公主的坟墓采取了一种奇特的埋葬方法。章宗皇帝命人在盘山之阴、横山左畔、沮河岸边的红石崖上，凿山为墓穴，将金花公主的棺椁用四个大铜环悬挂于洞穴之上，再引沮河的水流经棺椁之下。现在，这里利用沮河修建了海子水库，金花公主的墓穴在水库的下面，并没有进行挖掘。在水坝的附近有一个坟丘，它就是金花公主在地面上的墓。

（五）成吉思汗陵

成吉思汗的陵园位于内蒙古伊金霍洛旗。陵墓呈蒙古包式的大殿，雍容大方，巍峨耸立，分外壮观。成吉思汗陵园，别名“八白室”，顾名思义由八间白色的建筑构成，建筑雄伟，具有浓郁的蒙古民族风格。成吉思汗陵主要建筑有正殿、东殿、西殿、后殿等，以殿廊将各殿连接。正殿是举行祭祀活动的中心，最为壮观。殿前有两根穿云旗杆，旗杆中间安放着一尊塔形香炉，上面缀满铜铃，轻风吹过，铃声清脆悦耳，余音袅袅。殿堂坐落在花斑绚丽的花岗岩石基座上，四周围有雕刻精细的玉石栏杆。殿顶呈蒙古包式的穹庐状，上面用蓝、黄两色琉璃瓦砌出浑厚典雅的云勾浪纹，八角飞檐下悬挂着写有“成吉思汗陵”蒙、汉文金色大字的匾额。殿堂内，成吉思汗巨幅画像悬挂在正中央，他银须飘胸，目光灼灼。画像两侧竖立着银戈红缨长矛，前面是紫檀色的供桌，上面放着相传是成吉思汗使用过的马刀。殿堂四壁雕着山水草畜，地面铺着紫红色的地毯，庄严肃穆。

相传，成吉思汗在率兵远征西夏时死于甘肃清水县。他临终前命令秘不发丧，以免涣散军心。于是，诸将把他的灵柩秘密运回蒙古安葬。

蒙古族人民为了纪念这位贡献卓越的大汗，每年都要举行几次隆重的祭祀活动。其中最隆重的是每年农历三月十七日举行的“苏鲁锭”活动。“苏鲁锭”蒙语为“长矛”，象征着成吉思汗卓越的军事才能和赫赫武功。每年农历三月十七日，蒙古族人民从四面八方云集而来，祭奠在悠扬的蒙古古典乐曲中开始，他们先向成吉思汗陵敬酒三巡，高声朗诵赞美成吉思汗的《出征歌》《苏鲁锭歌》等，然后由主祭人率领大家进入正殿，跪在地毯上，向成吉思汗遗像行参拜礼。

（六）晋祠圣母殿

晋祠圣母殿雄伟壮观，是国内规模较大的一座宋代建筑。它坐落在被誉为山西“小江南”的晋祠中，是这个罕见的大型祠堂式古典园林的主体建筑。其中的侍女像被誉为“晋祠三绝”之一。圣母殿是晋祠中最为著名的建筑之一。

晋祠本来是为纪念周武王的次子叔虞而兴建的，后来又多次重修翻建。现存建筑主要建造于宋金时期，其中圣母殿创建于宋代天圣年间（1023—1032年），于崇宁元年（1102年）重修，是现在晋祠内最为古老的建筑之一。

圣母殿原名“女郎祠”，是供奉西周武王王后（也就是姜太公的女儿、姬虞的生母）邑姜的祠堂。有一种说法是北宋时追封姬虞为汾东王，为荣耀其母而建。

圣母殿中的43尊彩绘塑像和殿前木柱上的8条木雕蟠龙，均为北宋时期的作品，蟠龙木雕是国内现存最早的木雕艺术品。

圣母殿建筑端庄稳重，造型别致，因此享有盛名。它在晋祠中轴线最后，前临鱼沼，后拥危峰，晋水著名的“难老”和“善利”二泉分列其左右。

圣母殿高约19米，重檐歇山顶，面宽7间，进深6间，平面布置几乎成方形，殿身四周围廊，前廊进深两间。它是我国现存古代建筑中，采用“殿周围廊”最早的一个实例。大殿四周的柱子略向内倾，4根角柱显著升高，因此大殿前檐曲线的弧度很大。大殿和它周围的飞梁、泉亭、鱼沼，浑然一体，下翘的殿角与飞梁下折的两翼相互映衬，一起一伏，更显示出飞梁的巧妙和大殿的开阔。

圣母殿用“减柱法”营造，殿内外共减16根柱子，而以廊柱和檐柱承托殿顶屋架，因此显得殿前廊和殿内十分宽敞。殿内无柱，不但增加了高大神龛中圣母的威严，而且为设置塑像提供了很好的条件。这种“减柱法”的熟练使用，避免了隋唐建筑中用料的浪费，在建筑式样上更富于艺术性，说明宋代已进一步掌握了力学原理，能够更加巧妙地控制斗拱和柱高的比例。我国古代的木结构建筑，经历了由隋唐的雄壮坚实到明清的华丽轻巧发展的过程，而宋代正是这个过程中重要的过渡环节。圣母殿作为宋代建筑的代表作，不仅以实例阐释了北宋的《营造法式》，而且记录了建筑史的演变，在建筑史上具有重要意义。

殿内现存宋代彩塑 41 尊，后补塑像两尊，共 43 尊。在这些彩塑中，邑姜作为圣母居中曲膝盘坐在饰凤头的木靠椅上，她神态庄严，面目端庄，凤冠蟒袍，霞帔珠璎，雍容华贵，一副宫廷统治者的形象，塑像高 2.28 米。其余 42 尊侍从像对称地分列于龛外两侧，其中宦官像 5 尊，着男服的女官像 4 尊，侍女像共 33 尊。这组彩塑突破了古代寺庙中宗教题材的平淡格局，采用现实主义的创作手法，塑造了具有丰富思想感情的人物形象，是中国古代彩塑艺术的精品，具有极高的艺术价值。

这 42 个侍从职务不同，有的侍奉文印翰墨，有的侍奉饮食起居或洒扫梳妆，有的奏乐歌舞。这些塑像造型生动，姿态自然，是宫廷生活的写照。这些侍女像身材匀称，服饰美观，衣纹流畅，一个个性格鲜明，口有情，眼有神，表情自然，栩栩如生。工匠想象了侍女们不同的年龄、体形和地位，为她们塑造出不同的服饰和姿态，又用迥然不同的面部表情表现出她们各自独特的内心世界：刚刚入宫的少女，天真无邪，充满幻想；久居深宫的年长侍女，则饱尝宫廷生活的痛苦，面带忧愁，神情悲伤。

在晋祠众多的侍女像中，有一尊很是出色。她是众侍女中年龄最小的一个，身材窈窕，双肩消瘦，显得略有些单薄。她的头微微左倾，梳着当时流行的发髻，面容清秀俊美，眉毛上挑，双手放在胸前，显得小心谨慎。工匠把少女初入宫闱、未谙世事的茫然无知和拘谨小心的神态表现得惟妙惟肖。

更加神奇的塑像是一个阴阳脸的侍女。从左侧看，她眉眼含笑，唇角微翘；转到右侧看，却只见她双唇紧抿，眼如核桃，好像刚刚哭过；回到正面看，又发现阴晴不定的她恢复了安静平和。传说这个宫女很受圣母宠爱，圣母一夸她，她就笑，可是转瞬间就会想到自己在深宫中，一生都没有幸福，于是又想哭。她怕圣母看到，所以也只能用安静得没有表情的面貌示人。所以，从三个不同的角度看上去，她的表情是不一样的。想来，工匠们也是和她同病相怜，所以才能如此感同身受，于是运用高超的塑工，表现出这种复杂的感情。可见，无论是圣母殿的外部结构，还是其中的塑像都是精心制作的艺术品。

（七）卢沟桥

卢沟桥位列中国三大古代名桥（另外两座是河北的赵州桥和泉州的洛阳桥）之首，是国家重点文物保护单位，其精美的建筑形式吸引了国内外大批游客。“卢沟晓月”是“燕京八景”之一。

卢沟桥建在北京城西面的永定河上。永定河在古代又叫浑河、卢沟、小黄河、桑乾河、无定河等。南北旅客，无论从华北大平原北上，还是从东北松辽平原、西北内蒙高原南下，均须横渡卢沟。因此，卢沟渡口的重要性自然也就与日俱增。为了解决出行问题，当地的老百姓每年都要根据水位深浅，选择地点搭临时桥梁。根据宋朝使臣许亢宗在 1125 年出使金国时所写的《宣和乙巳奉使行程录》中的记录可知，当时的官府已经在河两岸修建了一座浮桥。1153 年，金主完颜亮扩建了辽南京城（今北京），迁都后改称为中都。作为进出北方中国的政治中心的唯一门户，卢沟渡口显然已不能再使用临时木桥或浮桥。于是，金朝从大定二十九年（1189 年）至明昌三年（1192 年），在卢沟渡口建造了一座永久性的大石桥，名叫广利桥，这就是中外驰名的卢沟桥。

卢沟桥全长 266.5 米，桥墩呈船形，进水一面有分水尖，每个尖上安置一根边长 26 厘米的三角铁柱以迎击洪水和冰块，保护桥墩和桥身。出水一面砌成流线型，形似船尾，以减少水流对桥孔的压力。卢沟桥有很大的承载能力，曾经通过 429 吨大型平板车而安然无恙。

卢沟桥的整体结构独具特色。整座大桥一共有 11 个桥拱，其拱券的跨径与桥墩的距离一致，由桥的两端逐渐向桥中心增大。河身桥面长 213.15 米，宽 7.5 米，如果把栏杆地栿和仰天石也算在内，一共宽 9.3 米。桥面中央较东西两端稍高，约为千分之八的坡度，坡势平缓，适宜通行。雁翅桥面斜长 28.2 米，呈喇叭口形状，最初入口处宽 32 米多，坡度较大，上下高差近 2.1 米。桥拱为弧形，矢跨比率约为 1∶3.5，比我国常见的石拱桥的坡度要缓，如江西的万年桥、安徽的太平桥、北京颐和园的十七孔桥等著名石桥的矢跨比率都是 1∶2，所以看上去大多是半圆形或高于半圆形的。卢沟桥采用的矢跨比率使桥面较为平缓美观而更加实用，但从力学的角度讲，建造的难度也更大。由此可见金代建桥技术的高超。

桥拱上采用框式纵连式砌拱法，使整个拱券成为一个紧密的整体。中心桥孔及两侧刻有吸水兽，具有压制洪水的寓意。其中，我们今天所见的中心桥孔和西五孔龙门石上的吸水兽，仍然是金代的原物。在桥墩及拱券的各个部分的石块之间，都用带棱的腰铁和铁拉件紧紧连在一起，大大加强了石与石之间的牢固性。因此，卢沟桥才能够历经 800 多年风雨而依旧傲然屹立。

卢沟桥的建筑装饰亦别具特色。桥栏为高近 1.5 米的 281 根望柱与栏板连接而成，每根望柱顶端都刻有一只大狮子，它的身上攀附有形象各异、或藏或露的小狮子，于是民间便有了“卢沟桥的石狮——数不清”这一歇后语。古书《从海记》中说：“桥柱刻狮凡六百二十有七。”可是根据考古工作队的勘察，现在大小石狮只有 485 只了。

第六节　明清时期的建筑

一、概述

明清两代距今最近，许多建筑佳作得以保留至今，如京城的宫殿、坛庙，京郊的园林，两朝的帝陵，遍及全国的佛教寺塔、道教宫观、民间住居等，谱写了中国古代建筑史的又一光辉华章。

二、各朝代的建筑特征

（一）明代（1368 年—1644 年）

明朝是在元末农民大起义的基础上建立起来的汉族地主阶级政权。为了巩固统治，明初采用了各种发展生产的措施，使社会经济得到迅速恢复和发展。随着经济文化的发展，明代的建筑也有了进步，其特征主要表现为：

1.砖已普遍使用

元代之前，砖仅用于铺地、砌筑台基与墙的下部等处。明以后才普遍采用砖墙。由于明代大量应用空斗墙，从而节省了用砖量，推动了砖墙的普及，砖墙的普及又为硬山建筑的应用创造了前提。明代砖的质量和加工的技术都有提高，从江南一带住宅、祠堂等建筑可以看到，砖细和砖雕加工已很娴熟。此外，城墙也都用砖砌筑。这些都说明制砖工业规模的扩大和生产效率的提高。

随着砖的发展，出现了全部用砖拱砌成的建筑物——无梁殿，多用作防火建筑，如佛寺的藏经楼、皇室的档案库等。无梁殿一般由一座或数座筒拱纵横联立而成，室内高大宽敞，但因光线不足而显得较为昏暗。典型实例有明洪武年间（1368 年—1398 年）所建南京灵谷寺无梁殿，以及山西太原永祚寺、苏州开元寺等处的无梁殿。

2.琉璃面砖、琉璃瓦的质量提高，色彩更丰富，应用面更加广泛

早期琉璃用黏土制胎，明代琉璃砖瓦采用白泥（或称高岭土、瓷土）制胎，烧成后质地细密坚硬，强度较高，不易吸水。琉璃面砖广泛用于塔、门、照壁等建筑物，明代琉璃工艺水平有所提高，不但胚体质量高，而且预制拼装技术、色彩质量与品种等方面，都达到了前所未有的水平。

3.木结构方面有所改变

经过元代的简化，到明代形成了新的定型的木构架，斗拱的结构作用减少，梁柱构架的整体性加强，构件卷杀简化。这些趋向虽已在部分元代建筑中出现，

但没有像明代那样普遍化与定型化。

明代宫殿、庙宇建筑的墙常用砖砌，屋顶出檐得以减小，斗拱作用也相应减少，并充分利用梁头向外挑出的作用来承托屋檐重量，挑檐檩直接搁在梁头上，这是宋以前的建筑未予以充分利用的。这样，柱头上的斗拱不再起重要的结构作用，原来作为斜梁用的昂，也成为纯装饰的构件。

但是由于宫殿、庙宇要求豪华、富丽的外观，因此失去了原来意义的斗拱不但没有消失，反而更加繁密，成了木构架上的累赘物。为了简化施工，柱网规则严谨，柱子不再采用宋代那种向四角逐根升高形成“生起”的做法，亦不采用金、元时期的减柱法，檐柱向内倾侧的“侧脚”逐步取消，梭柱、月梁等也被直柱、直梁所代替。因此，明代官式建筑形成一种与宋代不同的特色，形象较为严谨稳重，但不及唐宋的舒展开朗。由于各地民间建筑普遍发展，技术水平相应提高，从而出现了木工行业的术书《鲁班营造正式》。该书记录了明代民间房舍、家具等方面的一些有价值的资料。

4.建筑群的布置更为成熟

南京明孝陵和北京十三陵，是善于利用地形和环境来形成陵墓肃穆气氛的杰出实例。明孝陵和十三陵总体布置的形制是基本相同的，但明孝陵结合地形，采用了弯曲的神道，陵墓周围数十里内有松柏包围；而十三陵则用较直的神道，山势环抱，气势更为宏伟。明代建成的天坛是我国封建社会末期建筑群处理的优秀实例，它在烘托最高封建统治者祭天时的神圣、崇高气氛方面，是非常成功的。

北京故宫的布局也是明代形成的，清代仅作重修与补充。它有着严格对称的布置，层层门阙殿宇和庭院空间相联结组成庞大建筑群，这种严格的布局是中国封建社会末期君主专制制度的典型产物。

各地的佛寺、清真寺也有不少成功的建筑群布置实例。

5.官僚地主私家园林发展迅速

江南一带，由于经济文化水平较高，官僚地主密集，因此园林也特别兴盛，如南京、杭州、苏州及太湖周围许多城镇都有不少私园。当时的园林具有许多特点，如建筑物增多、用石增多等。

6.官式建筑的装修、彩画、装饰定型化

如门窗、格扇等都已基本定型。彩画以旋子彩画为主要类型，但其花纹构图仍较清代活泼。砖石雕刻也吸取了宋以来的手法，比较圆，花纹趋向于图案化、程式化，如须弥座的做法，明代200余年间，前后很少变化。这种定型化有利于成批建造，加快施工进度，但使建筑形象趋于单调。在建筑色彩方面，宫殿等因运用琉璃瓦、红墙、汉白玉台基、青绿点金彩画等而色彩鲜明、富丽堂皇。

7.家具发展成熟

明代的家具是闻名于世界的。由于明代海外贸易的发展，东南亚地区所产的花梨、紫檀、红木等不断输入中国。这些热带硬木质地坚实，木纹美观，色泽光润，适于制成各种精美的家具。

当时家具产地以苏州最为著名。明代苏州家具体形秀美简洁，雕饰线脚不多，构件断面细小，多作圆形，榫卯严密牢固，油漆能体现木材本身的纹理和色泽的美丽，直到清乾隆时期广州家具兴起，这种明式家具一直是我国家具的代表。

8.建筑技艺仍有所创新

如明代开始用水湿压弯法加工木料，并引进、使用了玻璃等新型建筑材料。

（二）清代（1616年—1911年）

1840年前的清朝，建筑方面多受明代风格、技术等影响，但在以下几个方面有所发展：

1.供统治阶级享乐的园林达到了鼎盛期

清代帝王苑囿规模之大，数量之多，是任何朝代所不能比拟的。清代前期除利用并扩建三海外，自康熙起即在北京西北郊兴建畅春园，在承德兴建避暑山庄，其后经雍正、乾隆两朝，又在北京西北郊兴筑，苑囿迭增，其中圆明园的规模最大。清朝各帝大部分时间都在园中居住，苑囿实际是宫廷所在地。在皇帝的影响下，清代各地官僚、富商也竞建园林。

2.藏传佛教建筑兴盛

清代兴建了大批藏传佛教建筑，仅内蒙古地区就有喇嘛庙 1 000 余所，西藏、甘肃、青海等地，数量更多。顺治二年（1645 年）重建的西藏拉萨布达拉宫，既是达赖喇嘛的宫殿，又是一所巨大的喇嘛庙。这个依山而建的九层建筑，体现了藏族工匠的非凡建筑才能。各地喇嘛庙建筑的做法大体都采取平顶房与坡顶房相结合的办法，也就是藏族建筑与汉族建筑相结合的形式。康熙、乾隆两朝，还在承德避暑山庄东侧与北面山坡上建造了喇嘛庙，作为蒙、藏等少数民族贵族朝觐之用。这些藏传佛教佛寺造型多样，打破了我国佛寺传统、单一的程式化处理，创造了丰富多彩的建筑形式。它们各以其主体建筑的不同体量与形象而显示其特色，是清代建筑中难得的上品。

3.居住建筑百花齐放

由于清朝的版图比明朝大，境内民族众多，居住建筑类型丰富。各地区、各民族由于生活习惯、思想文化、建筑材料、构造方式、地理气候条件等的不同，形成了千变万化的居住建筑，甚至同一地区和民族的居住建筑也有较为明显的差别，如藏族的平顶碉楼式住房、蒙古族的可移式轻骨架毡包住房、维吾尔族的平顶木架土坯房和土拱房、朝鲜族的席地而坐的取暖地面住房，以及居住在广西、贵州、云南、台湾等亚热带地区民族的架空的干栏式住房等。就汉族而言，虽然大多采用木架建筑作住房，但也有北方与南方、平原和山区等的区别。

4.简化单体设计，提高群体与装修水平

清朝官式建筑在明代定型化的基础上，用官方规范的形式固定下来，雍正十二年（1734 年）颁行的清工部《工程做法》一书，列举了 27 种单体建筑的大木做法，并对斗拱、装修、石作、瓦作、铜作、铁作、画作等做法和用工用

料都作了规定。

三、明清时期的典型建筑

（一）明十三陵

明十三陵包括明成祖朱棣的长陵、明仁宗朱高炽的献陵、明宣宗朱瞻基的景陵、明英宗朱祁镇的裕陵、明宪宗朱见深的茂陵、明孝宗朱祐樘的泰陵、明武宗朱厚照的康陵、明世宗朱厚熜的永陵、明穆宗朱载垕的昭陵、明神宗朱翊钧的定陵、明光宗朱常洛的庆陵、明熹宗朱由校的德陵、明思宗朱由检的思陵。

明十三陵位于北京天寿山南麓，从明成祖朱棣将天寿山南麓选为陵址开始，一直到明朝灭亡，历经200余年，经过不断修建，成为明代最大的陵墓建筑群。陵区东、西、北三面群山耸立，重峦叠嶂，如拱似屏，南面为蟒山、虎峪山相峙，气势磅礴的大宫门坐落在两山之间，为陵区的门户。整个陵区得天独厚，雄伟壮观。

整个十三陵陵区共用一条神道为引导，后又在大红门外约1 300米处增建气势宏大的石牌坊一座，前推了陵区起点。石牌坊为六柱五间十一楼形式。“楼”就是屋顶，五间上各一座，各间之间及全坊外侧也各一座，大小相间，高低错落，宽30米，是中国最大的牌坊。

在十三陵中，明成祖朱棣与徐皇后合葬的长陵规模宏大，气势雄伟，布局合理，为中国古代建筑史上的杰作。

（二）清初三陵

清远祖的永陵、努尔哈赤的福陵以及皇太极的昭陵，统称“清初三陵”。清初三陵既发扬了中国古代建筑的传统，又有独具特色的地方风格。与入关后的清东、西二陵不同，这三陵根据自然风光合理布局建筑，充溢着古朴、肃穆、神秘的气氛。

1.永陵

永陵是努尔哈赤的远祖、曾祖、父亲、叔父及其妻子的墓地，在清初三陵中规模最小，因为葬者生前都没有当过皇帝，也没有称过汗，只是祖以子显而已。永陵在辽宁新宾满族自治县内，背依启运山，前临苏子河。永陵陵园较小，但景深开阔，风光旖旎，犹如点缀在万山丛翠中的一片红叶。

陵园四周绕以红墙，南门内横排四座碑亭，碑石林立，碑文洋洋数千言，均是为祖先歌功颂德的溢美之词。碑亭往北是启运殿，即祭祀谒拜祖先的场所，也是陵园的主体建筑，为黄琉璃瓦顶，殿内四壁嵌饰五彩琉璃蟠龙，殿堂供设暖阁、宝床和神位。启运殿往北是宝城，城中陵冢环列，均为平地起封，封土下为地宫，其中多为拾骨迁葬，可能还有衣冠葬。

2.福陵

福陵是清太祖努尔哈赤和高皇后的陵墓，又称“东陵”，位于辽宁沈阳东郊的丘陵地上，前临浑河，背依天柱山。万松耸翠，红墙黄瓦的陵园建筑掩映于蓝天白云之间，巧妙地将山陵建筑融于水光山色之中，极为优美和谐。

福陵面积达 19 万平方米，陵园两侧分布着下马碑、石狮、华表和石牌坊等。进入陵门，地势逐渐升高，一条 100 多级的石阶在苍松之间斗折蛇行，盘山而上，具有山势峻拔、磴道层折、深邃高耸、幽冥莫测之感。攀上台阶，穿过石桥，迎面便是碑楼。碑楼后是一座古城堡式的方城，为叩拜祭祀之所，也是陵园的主体建筑。

清朝历代皇帝都非常重视祭祀祖先，每年祭祀活动达 30 余次。祭祀分为大祭、旁祭、小祭和特祭四种。大祭在每年的清明、中秋、冬至和立春举行。旁祭是在努尔哈赤和高皇后的忌辰举行。小祭在每月农历初一和十五举行。特祭是遇国家大典的临时祭祀。祭祀所用物品都有一定规格和数量。顺治年间（1644 年—1661 年）规定，大祭用牛、羊、猪各一头，献果酒、点香烛、焚烧、祝词、行大礼。清中叶以后，清朝统治者扩大了祭祀的规模，大祭祭品增加到牛二头、羊四只、面八百斤、油四百斤。每年仅祭祀福陵就用银五万两。

3.昭陵

昭陵是清初三陵中规模最大、保存最完整的一座帝陵。昭陵陵山为人工堆造而成，号称隆业山，占地面积达 18 万平方米。

整个陵区可分为三个部分，从下马碑到大红门是第一部分，下马碑在陵区的最前面，碑文用满、汉、蒙、藏、维吾尔五种文字镌刻着“亲王以下各等官员至此下马”，以显示陵区的神圣和庄严。

陵区的第二部分是大红门到方城。大红门上镶有五彩琉璃蟠龙，门里有石雕华表和六对石兽，雕刻非常精致，具有很高的艺术价值。其中石马“大白”和“小白”，据说是仿照皇太极生前心爱的两匹坐骑雕琢而成，英姿勃发，可以和唐太宗昭陵六骏相媲美。

陵区第三部分是庞大的方城和后面的宝城，这是陵园全部建筑的主体。方城内的隆恩殿是供奉神牌和祭祀的地方，庄严肃穆。方城的四隅建有角楼，把清初城堡式建筑艺术和中国传统的陵园建筑风格融为一体，相得益彰。宝城的中间有半月形的宝顶，是埋葬皇太极和皇后的地宫，气势壮观宏伟。

（三）清东陵

清东陵在河北遵化的昌瑞山下，是清朝最大的陵墓区。整个陵区划分为前圈和后龙两部分，前圈是陵园建筑区，后龙是衬托山陵建筑的北隅，范围很广。

历史文献记载，这块地方是由顺治皇帝亲自选定的。清入关之后，有一次顺治皇帝狩猎，偶然来到昌瑞山下，停辔四顾，惊叹道：“此山王气葱郁，可为朕寿宫。”说完就取出玉佩扔向远处，对侍臣说：“落处定为穴。”由此开辟了清朝入关后的第一个陵墓区。

清东陵的陵园布局以顺治皇帝的孝陵为中心，东边是康熙皇帝的景陵和同治皇帝的惠陵，西边是乾隆皇帝的裕陵和咸丰皇帝的定陵。陵园里一共葬有 150

多人，包括 5 个皇帝、15 个皇后，还有很多皇贵妃、贵人、常在、答应、格格、阿哥等。

孝陵在昌瑞山的主峰下，也是清东陵的主体建筑。陵园前矗立着一座石牌坊，全部由汉白玉制成，上面雕着“云龙戏珠”“双狮滚球”和各种金线大点金纹饰，技法精湛，气势雄伟，堪称清代石雕艺术最有代表性的作品。

紧靠石牌坊的是大红门。大红门是孝陵也是整个清东陵的门户，红墙迤逦，肃穆典雅，门前有“官员人等到此下马”的石碑。

穿过大红门，迎面是碑楼。碑楼中立有两通高大的碑，碑上分别用满文和汉文两种文字镌刻着顺治皇帝一生的功绩。

神道中间即龙凤门，三门六柱三楼，彩色琉璃瓦盖，龙凤呈祥花纹装饰绚丽多彩。

过龙凤门是七孔桥，它是东陵近百座石桥中最大的一座，也是最有趣的一座。桥身全部用汉白玉石拱砌而成，选料奇特，如果顺栏板敲击，就会听到 5 种音阶金玉般的声响，人称“五音桥”。

神道北端是巍峨的隆恩殿，是举行祭祀活动的主要场所，也是陵园的主体建筑。为了推崇皇权，清朝统治者不惜工本，极力装修隆恩殿，使其金龙环绕，富丽堂皇。

清东陵中的地宫情况，以乾隆的裕陵最有代表性。裕陵地宫为拱券式结构，全部用雕刻或加工过的石块砌成，布满了与佛教有关的各种经文和图饰雕刻，犹如地下佛教艺术石雕馆。地宫内尽管图文繁多，但是并不杂乱，相反给人一种相互衬托、浑然一体的感觉，充分反映了清代石雕工艺水平的高度发展。

慈禧的定东陵是我国现存规制豪华、体系比较完整的一座皇后陵寝建筑群。定东陵一直修建了 10 年，但慈禧总觉得不称心，不惜劳民伤财，拆除重建。重建后的隆恩殿金碧辉煌，殿内有 64 根金龙盘玉柱，用的是极为珍贵的黄花梨木。金龙用弹簧控制，龙头、龙须可随风摇动，金光闪闪，似真龙凌空，扶摇直上。隆恩殿前有龙凤彩石，凤在上龙在下，构成一幅金凤戏龙的景象。

定东陵的地宫比乾隆的更为奢华，珍宝不计其数，直到地宫封闭前夕，还不断往里面放各种稀世珍宝，奢华之极。

（四）清西陵

清西陵在河北易县的永宁山下，是清朝的又一处规模较大的陵墓区，也是历代帝王陵园建筑保存比较完整的一处。清西陵北起奇峰岭，南到大雁桥，东自梁各庄，西至紫荆关。

陵区内共有帝陵 4 座：雍正帝泰陵、嘉庆帝昌陵、道光帝慕陵、光绪帝崇陵。还有不少后陵、妃陵、公主墓等。清西陵还有一座没有建成的帝陵，是中国末代皇帝溥仪的陵墓。溥仪去世后，骨灰曾归葬八宝山公墓。1994 年，溥仪的骨灰又葬入清西陵。

清西陵的核心部分，规模最大的是泰陵，其建筑历时 8 年。泰陵前后有 3 座高大精美的石牌坊和一条宽十多米、长 5 公里的神道，通贯陵区南北。神道两侧的石像生有石兽 3 对、文臣 3 对、武臣 3 对。石像生采用写意的手法，以浓重粗大的线条，勾画出人物和动物的形象，再用细如绣花的线刻，表现细节花纹，体现了清代石雕艺术独到的雕刻技法。神道北延，是泰陵神道碑亭。碑亭内矗立着一座用满、汉、蒙三种文字镌刻的雍正皇帝谥号的石碑。泰陵的主体建筑是隆恩殿。隆恩殿由东西配殿和正殿组成，东殿是放置祝板的地方，西殿为喇嘛念经的场所；正殿在正中的月台上，巍峨高大，殿内明柱贴金包裹，顶部有旋子彩画，梁坊装饰金线大点金，金碧辉煌。

在清西陵中，形制别具一格的是最西的道光皇帝的慕陵。根据清代规制，帝陵名一般是由后代皇帝钦定的，但是慕陵的陵名据说是道光皇帝亲自拟定的。他临终前曾说："敬瞻东北，永慕无穷，云山密迩，呜呼！其慕欤，慕也。"（《清稗类钞》）而后把谕旨存放在大殿的东暖阁。咸丰即位后，重读遗诏，见"其慕欤，慕也"，心领神会，于是命名为慕陵。

慕陵在清代帝陵中，规制最为简约，没有方城、明楼、地宫、圣德神功碑、华表及石像生，但工程质量坚固精细。隆恩殿都是用金丝楠木构造，不施彩绘，以蜡涂搪，精美异常。整个天花板都用香气馥郁的楠木以高浮雕的手法，刻成向下俯视的龙头，众龙吞云喷雾，栩栩如生。慕陵的围墙不挂灰、不涂红，而是磨砖对缝，干摆灌浆，墙顶以黄琉璃瓦覆盖，灰黄相映。随山势起伏，把殿亭、宝顶环抱在陵墙内，显得清明、肃穆。

（五）避暑山庄

承德避暑山庄，又称“热河行宫”，坐落于河北承德市中心以北的狭长谷地上，占地面积为500多公顷。山庄始建于清康熙四十二年（1703年），雍正时一度暂停营建，乾隆六年（1741年）到乾隆五十七年（1792年）又继续修建，整个山庄的营建历时近90年，这期间清王朝国力兴盛，能工巧匠云集于此。康熙五十年（1711年），康熙帝还亲自在山庄午门上题写了“避暑山庄”匾额。

避暑山庄主要分为宫殿区和苑景区两部分。

1.宫殿区

宫殿区位于山庄南部，包括正宫、松鹤斋、万壑松风和东宫四组建筑，布局严整，是紫禁城的缩影。正宫是清代皇帝在山庄时，处理政务、休息和举行重大典礼的地方；松鹤斋寓意“松鹤延年”，建于乾隆年间，供太后居住；万壑松风是清帝批阅奏章和读书处，是宫殿区与湖泊区的过渡建筑，造型与颐和园的谐趣园类似；东宫在宫殿区最东面，为清帝举行庆宴大典的场所，后毁于战火。

2.苑景区

苑景区又分湖泊区、平原区和山岳区。

宫殿区以北为湖泊区，湖泊区集南方园林之秀和北方园林之雄，将江南园林的景观移植到塞外。区内湖泊总称“塞湖”，总面积为57公顷，洲堤面积为28公顷。塞湖包括九湖十岛，九湖是镜湖、银湖、下湖、上湖、澄湖、如意湖、内湖、长湖、半月湖；十岛有五大五小，大岛有文园岛、清舒山馆岛、月色江声岛、如意洲、文津岛，小岛有戒得堂岛、金山岛、青莲岛、环碧岛、临芳墅岛。今九湖尚有七湖，十岛尚存八岛。洲岛之间由桥堤相连。

平原区位于湖泊区以东，占地 53 公顷。南部沿湖有亭四座，从西至东依次是水流云在、濠濮间想、莺啭乔木、甫田丛樾。其他景观还有萍香泮、春好轩、暖流暄波、万树园、试马埭、永佑寺、舍利塔。区内的万树园不施土木，仅按蒙古民族的风俗习惯设置蒙古包数座，乾隆帝常在这里召见各少数民族政教首领，举行野宴。

平原区的西部和北部是山岳区，面积为 422 公顷，占避暑山庄总面积的五分之四，山峦峻峭，属燕山余脉风云岭山系。自北而南有松云峡、梨树峪、松林峪、榛子峪等四条大的峡谷。峰冈崖坡之上，与山水林泉巧于因借，宜亭斯亭、宜轩斯轩、宜庙斯庙，康熙、乾隆时期在山区修建了 40 余处楼、亭、庙、舍，均有御路和羊肠步道相通。

避暑山庄周围数座建筑风格各异的寺庙，从康熙五十二年（1713 年）开始建造，前后历时近 70 年建成，是当时清政府为了团结蒙古、新疆、西藏等地区的少数民族，利用宗教作为笼络手段而修建的。其中的 8 座由清政府直接管理，故被称为“外八庙”。普宁寺、普乐寺、普陀宗乘之庙和须弥福寿之庙规模较大，也较重要。普宁、普乐二寺的汉式成分较多，普陀宗乘之庙和须弥福寿之庙的藏式风格较明显。这些寺庙融和了汉、藏等民族建筑艺术的精华，气势宏伟，极具皇家风范。

普宁寺建于乾隆二十年（1755 年），以一条明显的中轴线贯穿南北。前部是典型的华北汉式佛寺布局，属官式建筑，有照壁、牌楼、寺门、碑亭、钟楼和鼓楼、天王殿、东西配殿和大雄宝殿；后部地势陡然高起近 10 米，台地上有主体建筑大乘阁。大乘阁有四层，基本为汉式，但屋顶模仿西藏桑鸢寺，在四角各建一亭，中央耸起重榴大亭，象征宇宙中心须弥山。阁内空间高达 24 米，有巨大的千手千眼观音像。阁周围有 14 座大小台、殿，代表绕须弥山出没的太阳、月亮、四大部洲和八小部洲。四角各有一座喇嘛塔，为白、黑、红、绿四色，代表佛的“四智”或四大天王。后部包围整组建筑的波浪形围墙，是金刚大轮围山。整组建筑象征从印度传入西藏的所谓“曼陀罗”图式，形成一种罕见的新颖形式。

普陀宗乘之庙在避暑山庄正北，建于乾隆三十二年（1767 年）。全庙地形前低后高，落差很大。总平面可分前、中、后三部：前部仍是汉式建筑轴线对称布局方式，沿中轴线有城楼样的寺门、巨大的碑亭，在一座台子上并列 5 座喇嘛塔的五塔门，还有琉璃牌坊；中部面积最大，山坡上散布 10 余座小“白台”和喇嘛塔，模仿布达拉宫宫前建筑；后部的山坡高处是寺庙主体，模仿布达拉宫，由中央红台和左右白台组成，台顶也露出几座鎏金汉式屋顶。这些“台”实际上是外面围绕着平顶楼房的一个个方院，红台里有方形重檐攒尖顶的万法归一殿，东、西白台内分别是戏台和千佛阁。

避暑山庄及周围寺庙是帝王苑囿与皇家寺庙建筑经验的结晶，园林建造实现了“宫”与“苑”形式上的完美结合和“理朝听政”与“游息娱乐”功能上的高度统一，成为与私园并称的中国两大园林体系中帝王宫苑体系中的典范之作。它继承和发展了中国古典园林“以人为之美入自然，符合自然而又超越自然”的传统造园思想，完全借助自然地势，因山就水，顺其自然，同时融南北造园艺术的精华于一身。它继承、发展并创造性地运用各种建筑技艺，撷取中国南北名园名寺的精华，仿中有创，表达了“移天缩地在君怀”的建筑主题。在园林与寺庙、单体与组群建筑的具体构建上，避暑山庄及周围寺庙实现了中国古代南北造园和建筑艺术的融合，展示了中国古代木架结构建筑的高超技艺，并实现了木架结构与砖石结构、汉式建筑形式与少数民族建筑形式的完美结合。它是中国园林史上一个辉煌的里程碑，享有“中国地理形貌之缩影”和“中国古典园林之最高范例”的盛誉。

（六）圆明园

北京的西北郊有香山、玉泉山、万寿山等，这一带山陵的东南则是沃野平畴，又有玉泉流经其间，风景佳丽，气候宜人，为苑园的建设提供了良好的自然条件。所以清代帝王的苑囿多向这一带发展，于是就有了圆明园、长春园和万春园（又名绮春园）组成的圆明三园。

圆明园是清代封建帝王在150余年间，所创建和经营的一座大型皇家宫苑。雍正、乾隆、嘉庆、道光、咸丰五朝皇帝，都曾长年居住在圆明园优游享乐，并于此举行朝会，处理政事，它与故宫同为当时的政治中心，被清朝皇帝特称为“御园”。

圆明园最初是康熙皇帝赐给皇四子胤禛（即后来的雍正皇帝）的花园。在康熙四十六年（1707 年）时，园已初具规模。1723 年，雍正皇帝即位后，拓展原赐园，并在园南增建了正大光明殿和勤政殿以及内阁、六部、军机处等值房，御以“避喧听政”。此后，乾隆皇帝在位 60 年期间，对圆明园岁岁营构，日日修华，浚水移石，费银千万，并在紧东邻新建了长春园，在东南邻并入了绮春园。至乾隆三十五年（1770 年），圆明三园的格局基本形成。嘉庆时，主要对绮春园进行修缮和拓建，使之成为主要园居场所之一。道光时，虽国事日衰，财力不足，仍不放弃对圆明三园的改建和装饰。

圆明园陆上建筑面积和故宫一样大，水域面积又等于一个颐和园。宏伟壮丽的圆明园内造景繁多，三园共一百零八景，每一景由亭、台、楼、阁、殿、廊、榭、馆等组成。

圆明园大致可分为五个重要的景区。一区为宫区，有皇帝处理政务的正大光明殿等。二区为后湖区。三区有西峰秀色、坐石临流等，其中有舍卫城，城中置佛殿，城前还有仿苏州街道建成的买卖街，是皇帝后妃们买东西的地方。福海则为第四区，以蓬岛瑶台为中心，福海周围建有别有洞天、平湖秋月等景点共十多处。第五区有紫碧山房等。

圆明园的第一个重要特点是水景丰富，它以福海和后湖作为造园的中心。单是福海，就占去了将近三分之一的面积，沿着水面的岸边，构置建筑景观，因水成景，形成波光浩渺、景色优美的重要水区。圆明园后湖景区，环绕后湖构筑 9 个小岛，是全国疆域“九州”之象征。各个岛上建置的小园或风景群，既各有特色，又彼此借景。北岸的上下天光，登楼可以一览湖光山色，南望清澈如镜的湖面，正是水天一色，令人心旷神怡。西岸的坦坦荡荡，酷似杭州玉泉观鱼，俗称金鱼池。圆明园西部的万方安和，房屋建于湖中，冬暖夏凉，遥望彼岸奇花，美不胜收。

第二个重要特点是非常注意与环境的和谐，在红花、绿树、湖光、碧池、溪涧、山色、曲径、白云、蓝天之中，点缀着亭、台、楼、阁等。宫殿建筑金瓦红墙、壮丽宏伟，北远山村酷似乡间，蓬岛瑶台则胜似海外仙境，琉璃宝塔金碧辉煌，九孔石桥朴素大方。园林建筑与环境气氛和谐，整个布局毫无生硬拼凑的感觉，符合清代帝王的“宁神受福，少屏烦喧。而风土清佳，惟园居为胜”（《日下旧闻考》）的要求。

第三个重要特点是园内的建筑物，既吸取了历代宫殿式建筑的优点，又在平面配置、外观造型、群体组合诸多方面突破了官式规范的束缚，广征博采，形式多样，如字轩、眉月轩、田字殿，还有扇面形、弓面形、圆镜形、工字形、山字形、十字形、方胜形、书卷形等。园内的木构建筑多不用斗拱与琉璃瓦，而多是青瓦、卷棚顶，显得比较素雅。园内宫殿式建筑较多，而且多是左右对称的布置，如正大光明殿、安佑宫等。

圆明园不仅在当时的中国是一座最出色的行宫别苑，被乾隆皇帝誉为“天宝地灵之区，帝王游豫之地无以逾此”，并且通过传教士的信函、报告的介绍而蜚声欧洲，对 18 世纪欧洲自然风景园的发展产生了一定的影响。

圆明园不仅汇集了江南若干名园胜景，还移植了西方园林建筑，集当时古今中外造园艺术之大成。园中有金碧辉煌的宫殿，有玲珑剔透的楼阁亭台，有象征热闹街市的“买卖街”，有象征田园风光的山乡村野，有仿照杭州西湖的平湖秋月，有仿照苏州狮子林的风景名胜等。圆明园是中国人民智慧和血汗的结晶，也是中国人民建筑艺术和文化的典范。

中国建筑艺术是世界建筑史上延续时间最长、分布地域最广、有着特殊风格和建构体系的造型艺术。

第三章　中国古建筑材料

第一节　中国古建筑主要建筑材料

一、“土”与“木”作为主要建筑材料的原因

众所周知，早期的原始人会选择自然洞穴或森林中的树木作为栖身之所。随着生活经验的积累，他们慢慢学会了对居所进行简单改造：栖居在山洞内的原始人会用工具清理有碍石块、填补坑洼地面；栖居在树木上的原始人会用工具去掉无用枝杈、在空白处增添必要枝干等。后来，他们学会了使用粗制的石器、骨器、木棍等原始工具。活动在黄土断崖附近的原始人会用工具在崖壁或地面上挖横向或竖向的穴；活动在森林沼泽附近的原始人会用工具在树木上搭建简易的窝棚。有了“穴”和“窝棚”，就诞生了人类最原始的人工居住形态，即“穴居”和“巢居”。而“穴居”和“巢居”这两种居住形式采用的主要建筑材料分别就是“土”和“木”。

钢筋混凝土是近代人类建筑史上的重要发明。钢筋混凝土建筑用钢筋做“骨架”、用混凝土做墙身，从而构建一种受力性能好、应用广泛的现代建筑墙体。古人习惯了用土和木做建筑材料后，就建造了原始社会的木骨泥墙。

木骨泥墙是用手腕粗的木柱作为骨架，纵横交错绑扎起来，然后在木骨架的表面敷上用土和水搅拌成的湿泥，通过火烤干后形成坚固美观的房屋墙体。据考证，木骨泥墙起源于距今 6 000～7 000 年前的新石器时代。起初是为了防

火而将泥巴涂到树木等墙体表面，慢慢演变成了用树木做墙体骨架、用泥巴覆盖的建筑墙体。

将古代的木骨泥墙同现代的钢筋混凝土墙对比可以发现，古建筑房屋的木头骨架就相当于现代的钢筋，用来覆盖的泥土就相当于今天的混凝土。所以可以说，古人建造的木骨泥墙就是原始社会的“钢筋混凝土墙”。

在漫长的历史发展中，古人选择并延续土的使用，主要有以下几个方面的原因：

第一，土资源分布广，易于获得。我国有广泛、较厚的适合建筑工程使用的黏土层。

第二，土容易挖掘，便于加工。

第三，土作为建筑材料可以在冬季起到防寒保暖的作用。

第四，用土建造的防御工程，体型厚重、质量大、构造坚固。

木被选为古建筑的主要材料，与我国古代社会情况是分不开的。对于以自给自足的自然经济为主、农民和手工业者在劳动分工中占绝大多数的古代社会而言，用木材作为房屋建筑的主要材料有着很强的适应性。此外，木被选为中国古建筑的主要材料还有以下几个方面的原因：

第一，木材来源丰富。在古代，我国广袤的土地上有着大量茂密的森林，这为木材取用提供了极其丰富的来源。

第二，木材加工方便，施工速度快，同时便于运输，节约劳动力。

第三，易于扩建。古代木构架建筑中 4 根木柱可以围合为“一间”房屋，建造时可以先建造两三间，根据需要再扩建成五至七间，比较灵活。

第四，适应坡地地形。对于山区等坡地地形，木构架建筑通过调整柱子的长短即可取平室内地面，减少基础土方工程，经济实惠。

正是上述所说的“土”和“木”两种材料的特点，使得几千年来它们一直占据着中国古建筑材料的主体地位。从最初的“穴居”和“巢居”开始，中国古人逐步积累了大量的建筑经验和建筑技能，使得与“土”与“木”相关的建造技术不断发展。

二、“土”与“木”的建筑技术

（一）夯筑技术

选用土作为主要建筑材料之后，中国古人建造了墙、台基等。为了让土变得更加坚固，古人采用了夯筑技术。夯筑技术是利用各种工具将土分层砸实的建造方法。

早在仰韶文化遗址中，考古学家就发现了经人工夯打过的地面。西安半坡遗址中，已经有用草和泥土堆积而成的墙体。中国目前发现的最早的真正意义上的夯土工程，是商汤时期都城亳的夯土台基，它面积为 1 万平方米左右，分 2 次夯筑而成。

古代早期的夯筑技术主要使用单人操作的夯杵。杵，原为将谷物去壳的工具，用石材打造，在下部有一粗而圆的杵头。石杵在商代已经应用到夯土墙的建造中，发展到明清时期，夯杵种类增多，分为石杵、铁杵、木杵三种。古人的夯筑技术被广泛应用于台基、城墙等的建造当中，并持续几千年，现代建造房屋时亦在应用。

下面，笔者以客家土楼夯筑土墙为例具体讲解夯筑技术。

夯墙是建造土楼中关键的环节。宋代《营造法式》中载有关于夯筑土墙的要求：“筑墙之制：每墙厚三尺，则高九尺，其上斜收比厚减半。若高增三尺，则厚加一尺，减亦如之。”这里提出夯土墙的高与厚的比例为 3∶1。但客家人却掌握了一套更为先进的土墙夯筑技术，以承启楼为例，楼高 12.4 米，层墙体仅厚 1.5 米，其比例比《营造法式》所载更为惊人。

夯墙俗称“行墙”。有角的楼，如方形土楼，一般从两角处开始夯筑。高四层以上的土楼，底层墙体宽近 2 米，依层减少宽度，顶层的宽度不少于 40

厘米，规模小一些的土楼依次减少宽度。

夯墙时，在墙枋下面两头各放一根承模棒，用于承受墙枋和土墙的重量。每一个墙枋由两名力气大且有夯筑经验的师傅操作。根据土楼建造需要的不同，一面墙分别夯筑 4～7 次。一面墙，每次上土越薄，层数越多，夯筑时受力越均匀，夯出的土墙就越坚固。越往高处，墙体夯筑的次数就越少，因为高层墙体所承受的压力要小于底层的基础，因此质量要求也可相对宽松。

一面墙夯好后，一名师傅双手分别抓住夹板两侧的提手，用力提起，往前移动至刚夯好的土墙一端，以便使整一层墙板呈连续延伸状态。将夹板固定好，倒入新墙土，就可继续夯墙工作了。在每面墙第二次或第三次放墙土时，需加入竹、木制的墙筋条，以增强土墙的牵引力。

夯完一周墙，再夯下一周时，夹板不能放在下面一周土墙相同的位置上，需要与上一层的夹板墙缝错开，以保证墙体相互咬合。

夯成的土墙必须在当天表面未被风干之前进行修理，由修墙师傅（也称成墙师傅）负责按土质的干湿、土墙方位日照时间的长短、季节气候的差异来判断如何修理当天的墙面。修墙时先用大拍板把墙体拍击结实，定好墙面的厚度，如果发现墙面过厚或产生移位，就需要用墙铲铲去一部分。细小的部分，如层与层相接部分表面不平整的，就用筛过的碎土补平，再用小拍板拍打结实，直到平整。补墙的时候要保证墙体的水分适中，如果湿度不够，补墙前要向墙面洒水，使其润湿。补完墙后，修墙师傅还要再用大拍板补拍一遍墙面，使墙面光洁。在用大拍板拍墙时，整片墙体随着拍击而摆动，说明墙体连接良好，既有韧性也具刚性。

过大板和过小板的工序极其重要，一面没有经过拍打的毛墙，如果用脚蹬，就会崩角。经过大板的拍击后，墙上一层 3～7 厘米厚的壁面的密度就会大大提高，墙体的坚固性、耐久性、防潮性也会提高。细补过后的墙，再用小板打光，使墙表面不留下任何漏洞。

完成一周土墙大约需要一天时间，每天的夯筑不能超过三层，因为当天夯筑的墙体需要足够的时间缩水，否则就无法承受其应承受的压力，最后导致墙体倾斜变形甚至倒塌。一般夯墙时间总共需要 20 天左右。

检验筑墙质量是否过关的工作，一般由楼主来完成。为检验土墙韧性是否合格，主人会用一支直径约 5～6 毫米的尖头钢钎以一定力量插入当天筑好的墙内，若是一次插入的深度超过 10～12 厘米，说明夯筑不够结实，就要返工重修。

土楼墙壁的夯筑特别考验筑墙师傅的经验和技术，除以上几点外，还要考虑到日晒和风吹的作用。日晒的方向和风吹的作用，会使土墙两侧的干燥速度不一样，如向阳的一面墙先干而变硬，背阴的一面墙则相对较软，在自身重力的作用下，土墙会倒向背阴的墙面方向，俗称“太阳会推墙”。经验丰富的筑墙师傅，在筑墙时会有意识地让墙倒向向阳的一侧，这样等土墙筑好后经太阳照射，墙体就会自动调整为垂直方向了。这一效果往往要等到土墙干透后才会显现出来。

（二）榫卯技术

中国古代有一位有名的木匠鲁班，传说他用木条为儿子制作了一个玩具。这个玩具由 6 根木条相互咬合而成，需要仔细研究方能拆卸开来。鲁班的儿子用了一天时间才学会了拆卸和安装这个玩具。这个玩具就是鲁班锁（又叫孔明锁），而它的拼接方式与榫卯技术有关。

榫卯是中国古建筑中木构件的重要连接方式。它采用凹凸相连、阴阳咬合的形式使木构件相互吻合。向外凸的构件叫作“榫头”，向内凹的构件叫作“卯口”。在距今约 7 000 年的河姆渡文化遗址中，榫卯就已经被应用在木构架的房屋中。

中国古建筑中常用的榫卯连接方式有以下几种：

1.龙凤榫加穿带

在中国古建筑中，当一块薄板不够宽，需要两块或更多块薄板拼起来才够宽时，就要用“龙凤榫加穿带”。先把薄板的一个长边刨出断面为半个银锭形的长榫，再把与它相邻的那块薄板的长边开出下大上小的槽口，用推插的办法把两块板拼拢，所用的榫卯叫“龙凤榫”。这样可以加大榫卯的胶合面，防止拼缝上下翘错。

薄板依上法一一拼完，用胶粘牢后，横贯背面，开一下大上小的槽口，名叫“带口”；穿嵌一面做一梯形的长榫的木条，名叫“穿带”。带口及穿带的梯形长榫都一端稍窄，一端稍宽。长榫由宽处推向窄处，这样才能穿紧。穿带两端出头，留作榫子。穿带根数视拼板的长度而定，一般每隔 40 厘米穿一根。最后在拼板的四周刨出榫舌，名叫“边簧”，以便装入木框里口的槽口内。

2.攒边打槽装板

上述用“龙凤榫加穿带”拼成的木板是为了装入攒边的木框而准备的。木框四根，两根长而出榫的叫“大边”，两根短而凿眼的叫“抹头”。在木框的里口应打好槽，以便容纳木板边簧。穿带出头部分则插入大边上的卯眼内。把木板装入木框的做法叫“攒边打槽装板”。

这种做法历史悠久，早在西周的青铜器上就已有所体现，它是一项成功的创造。长期以来，此法在家具中广泛使用，如凳椅面、桌案面、柜门柜帮以及不同部位上使用的条环板等，举不胜举。“攒边打槽装板”的优点是将板心装纳在四根边框之中，使薄板能当厚板用。木板因气候变化难免胀缩，尤以横向的胀缩最为显著。木板装入四框，并不完全挤紧，尤其在冬季制造的家具，须为木板的膨胀留余地。一般板心只有一个纵边使鳔，或四边全不使鳔。装板的木框攒成后，与家具其他部位连接的不是板心，而是用直材做成的边框，伸缩性不大，这样就使整个家具的结构不至由于面板的胀缩而影响其稳定坚实。木板断面没有纹理，装板后使木材断面隐藏起来，外露的都是花纹色泽优美的纵切面。因此，“攒边打槽装板”是一种经济、美观、科学合理的做法。

“攒边打槽装板”如是四方形的边框，一般用格角榫的做法来攒框，边框内侧打槽，容纳板心四周的边簧。大边在槽口下凿眼，被板心的穿带纳入。如边框装石板面心，则面心下只用托带而不用穿带。托带或一根，或两根，或十字，或井字，视石板面心的大小、轻重而定。又因石板不宜做边簧，只能将其四周做成下舒上敛的边。这种有斜坡的边叫“马蹄边”，或简称“马蹄”。边框内侧也踩出斜口，嵌装石板。由于斜口上小下大，将石板咬住扣牢，虽倒置也不会脱出。

较为罕见的“攒边打槽装板”做法，是边框起高而宽的拦水线，在拦水线下打槽装板，容纳板心四周的边簧。采用这种做法时，边框压在板心之下，看不见板心和边框之间的缝隙，故表面显得格外整洁。

“攒边打槽装板”如系圆形的边框，即圆凳、香几面等，用弧形弯材打槽嵌夹板心的边簧。弯材一般为四段，攒边的方法除用楔钉榫外，常用逐段衔夹的做法，即每段一端开口，一端出榫，逐一嵌夹，形成圆框。

3.楔钉榫

楔钉榫是用来连接弧形弯材的一种十分巧妙的榫卯，圈椅的扶手，部分圆形桌、几的面和托泥用此法做成。

楔钉榫基本上是两片榫头合掌式的交搭，但两片榫之端又各出小舌，小舌入槽后便使两片榫头紧贴在一起，管住它们不能向上或向下移动。此后更在搭口中部剔凿方孔，将一枚断面为方形的、头粗尾细的楔钉贯穿过去，使两片榫头在向左和向右的方向上也不能拉开，于是两根弧形弯材便紧密地接成一体了。

4.抱肩榫

抱肩榫是有束腰家具的腿足与束腰、牙条相结合时使用的榫卯。

以有束腰的方桌为例，腿足在束腰的部位以下，切出45°斜肩，并凿三角形榫眼，以便与牙条的45°斜尖及三角形的榫舌拍合。斜肩上还留做上小下大、断面为半个银锭形的挂销，与开在牙条背面的槽口套挂。明及清前期的有束腰家具，牙条多与束腰一木连做，有此挂销，可使束腰及牙条结结实实地和腿足接合在一起。但到清中期以后，抱肩榫的挂销省略不做了，牙条和束腰也改为两木分做，比之前的做法差多了。到了清晚期，不仅没有了挂销，连牙条上的榫舌也没有了，只用胶黏合，抬桌子时往往会把牙条掰下来。

5.霸王枨

古代工匠有这样的设想，桌子四足之间不用构件连接，而设法把腿足与桌面连接起来，这样不会有枨子碍腿而能将桌面的承重直接分散到腿足上来。“霸王枨”正是为实现此种设想而创造出来的。

霸王枨的上端托着桌面的穿带，用销钉固定，下端交代在腿足中部靠上的地位。战国时已经在棺椁铜环上使用的“勾挂垫榫”，用在这里十分合适。枨子下端的榫头向上勾，并且做成半个银锭形。腿足上的榫眼下大上小而且向下扣。榫头从榫眼下部口大处插入，向上一推，便勾挂住了。下面的空隙再垫塞木楔，枨子就被关住，拔不出来了。想要拔出来也不难，只需将木楔取出，枨子打下来，柳头落回到原来入口处，自然就可以拔出来了。枨名“霸王”，寓有举手擎天之意，用来形容远远探出、孔武有力的枨子是颇为形象的。

6.夹头榫

夹头榫是案形结体家具最常用的榫卯结构。四足在顶端出榫，与案面底面的卯眼结合。腿足上端开口，嵌夹牙条及牙头，故其腿足高出牙条及牙头。在此种结构中，四足把牙条夹住，连接成方框，上承案面，使案面和腿足的角度不易变动，并能很好地把案面的重量传递到四足上。

7.走马销

走马销是“栽销”的一种，就是另外用木块做成榫头栽到构件上去，而不是就构件本身做成榫头，它一般安在可装可卸的两个构件之间。具体做法是榫销下大上小，榫眼的开口是半边大、半边小。榫销从榫眼开口大的半边插入，推向开口小的半边，就扣紧销牢了。若要拆卸，就须退回到开口大的半边才能拔出。它和霸王枨有相似处，只是不垫塞木楔而已。

8.插肩榫

插肩榫也是案形结体使用的榫卯，外观和夹头榫不同，但在结构上差别不大。它的腿足也是顶端出榫，和案面接合，上端也开口，嵌夹牙条。但腿足上端外皮削出斜肩，牙条与腿足相交处剔出槽口，当牙条与腿足拍合时，又将腿足的斜肩嵌夹起来，形成平齐的表面，故与夹头榫不同。插肩榫的牙条在受重下压时，可与腿足的斜肩咬合得更紧，这也是和夹头榫有所不同的地方。

在中国古代木构架建筑中，榫卯被广泛应用于建筑的柱子、梁和其他木构件的连接。只需使用木头，工匠们通过榫卯连接，就可以将建筑的上下、左右、粗细等各部分巧妙连接，工艺精确，扣合严密。所以，榫卯技术是中国古建筑的灵魂所在。

随着夯筑技术和榫卯技术的出现，中国古建筑开始逐步发展。在随后的时间里，中国木构架建筑展开了数千年发展的历史诗篇。

三、土木建筑范例

古人在几千年的建筑实践中，利用“土”与“木”作为主要材料，不断完善夯筑技术与榫卯技术，将“土”与“木”相互结合，创造出许多精美的建筑作品。

土木建筑范例包括窑洞、干栏式建筑、高台建筑和土楼等。窑洞和干栏式建筑在前文已有论述，在此不再赘述，下面主要介绍高台建筑和土楼。

（一）高台建筑

高台建筑是“土”与“木”结合的典范，它由高高的夯筑而成的夯土台和台上的木构架房屋所组成。

高台建筑盛行于春秋战国与秦汉时期，到了唐代仍有遗韵。高台建筑曾是那时宫殿建筑的主要建筑形式。为了彰显宫殿建筑的高大雄伟，古人将木构架建筑建造在高大的夯土台上，将木构架建筑与夯土台结合，从而建造出体量宏伟、形式灵活的建筑。

在中国古代历史上，曾经有许多著名的高台建筑，如夏朝的瑶台、商朝的鹿台、周朝的灵台等。

高台建筑夯土台高大而木架构房屋矮小，是依照当时的防卫和“高而大”的审美要求建成的，而纯木构架建筑的技术却达不到这样的要求，不得不通过高大的夯土台来承托整个建筑物。夯土台可以高达数层，其土方工程量庞大、任务繁重，没有强大的统治政权很难实现。这也成为限制高台建筑发展的因素，使其在汉朝以后，逐渐退出建筑历史舞台。

（二）土楼

土楼，是继高台建筑之后出现的又一类土木混合结构建筑，是以生土为主要建筑材料，利用生土和木构件建造的民居建筑，主要分布在中国的福建、广东、江西等地区。

土楼利用未经焙烧的生土夯筑成墙体，将木料制作的柱子、梁、门窗等构件通过榫卯相连。土楼最主要的部件还是其夯土墙。夯土墙在夯筑时，应选用黏性较好、含砂质较多的黄土、黏土、三合土等，并掺入红糖水、米浆以增加土墙的坚硬程度。土墙夯好后，铁钉都难以钉入，历经数百年风雨仍能完好无损。墙体夯筑过程中，还将长竹片作为竹筋夹在夯土墙之中，以增强土墙的整体性。

土楼的建筑形式特点一方面体现了其很好的防御性，另一方面体现了中国古人的家族观念。

承启楼是最著名的福建土楼。它建于清朝康熙年间，建筑平面是直径为 73 米的圆形。平面上一共有三圈房间围绕着一个中心祖堂。

最外面一圈是整个土楼的主体建筑，共 4 层，每层有 72 个房间。一层为厨房，二层为仓库。出于防护的目的，一层和二层并不向外侧开窗，仅从土楼圈内采光。三、四层为供人居住的房间。建筑的外墙、楼梯间的墙等为生土夯筑，厨房与居室等隔墙用土坯砖砌筑。屋檐为青瓦屋面。

第二圈共 2 层，每层有 40 个房间，底层是客厅，二层是卧室。

第三圈只有 1 层，设 32 个房间，曾经是楼内为女孩子上学办的私塾。

这样整个土楼就形成了由外到内高度逐渐降低的格局。在土楼第二圈和第三圈之间，东西两边各设一口水井，供楼内日常生活使用。土楼共设计有 3 个出口，出于安全考虑平时并不全部开放。古时每逢有战乱等危险，只需把土楼大门紧闭，楼内的水井和粮仓可以使楼内居民不与外界联系也能生存数月之久。

承启楼整个建筑占地面积为 5 376.17 平方米，共有 60 余户，三四百人，鼎盛时期居住有 800 多人。1981 年，承启楼被收入《中国名胜词典》，有“土楼王”的美誉。

其实，土楼这种外围居住、中心祭祖的向心型居住空间，也恰恰是中国古代社会崇尚血缘氏族的体现。而高大的圆形布局、封闭不开窗的底层外墙和少量的对外出口，则是出于族群安全而采取的一种自卫式的居住样式。据说，承启楼内人才辈出，从建成那天起至今，共诞生进士、举人、贡生 40 余人，科学家、教授等 80 多人。

几千年来，“土”与“木”一直在建筑建造中有着不可替代的位置。就是这两种材料书写着中国古建筑洋洋洒洒几千年的壮美诗篇。

第二节　中国古建筑其他材料

一、砖

砖是中国古人在西周时期就开始应用的人工建筑材料。与土坯相比，烧制的砖更耐磨、耐水、强度高，所以砖被用于建筑易破损和需要防水的部位。战国时期，在一些构筑物中就出现了砖砌的墙体；汉代，砖被用于建造地下墓室；唐宋时期，砖被用来包砌夯土城墙；明朝以后，砖被大量应用于民居等建筑的装饰雕刻之中。

（一）砖塔

说到砖这种建筑材料，不得不提到中国古代的高层砖结构建筑——砖塔。塔，本是佛教建筑，随佛教传入中国，此前中国并无“塔”字。传说，释迦牟尼圆寂后，在对其遗体进行火化时，人们发现许多光亮的珠子，并将其称为“舍利”。人们把舍利埋入地下，上面用圆形土堆覆盖，将其称为“浮屠”。浮屠是“佛塔”的音译，中文又叫“塔婆”，后来就简称“塔”了。塔与中国固有的多层楼阁式建筑形式相结合，形成了中国式的佛塔。

中国古代砖塔从外观来看，著名的有密檐塔和金刚宝座塔等形式。密檐塔是将塔上部每层的高度缩小，每层设屋檐。这样，层层屋檐紧密排列，形成一种韵律美，如嵩岳寺塔。金刚宝座塔是在塔下设有宝座，宝座上设有 5 座小塔，如北京大正觉寺塔。

从内部构造来看，砖塔有空筒和实心之分。空筒结构砖塔中心为空筒，周围为很厚的砖砌墙壁，上文所提到的嵩岳寺塔就是空筒砖塔。实心砖塔由里到外都由砖砌成，外观是楼阁式塔型，内部为实心体。

在云南大理，有一座寺庙叫崇圣寺，寺内有3座佛塔鼎足而立。其中，千寻塔位于中央，高度最高，为密檐塔，塔身瘦高，使塔身高耸挺拔，每一层檐口的曲线在角部上翘，又使其曲线柔和。两侧的佛塔为高10层的楼阁式砖塔，塔身下部为直线，上部逐渐向中心缩小，整体造型略显硬朗。崇圣寺三塔组成的佛塔建筑群为云南大理的著名景观。

（二）砖墙与砖雕

中国古建筑以木构架为主体结构，木梁、木柱、木檩、木椽等是建筑的结构支承构件，而房屋外围的围合构件常采用砖砌的墙体。在民间，一些人为了显示家族的地位与荣耀，也为了更好地装饰房屋，会采用雕刻图案的方式处理房屋砖墙，这就形成了中国古建筑独特的装饰风景——砖雕。

砖雕大多用于装饰古建筑的墙面、照壁、大门和建筑构件等，雕刻技法主要有阴刻、浅浮雕、深浮雕、圆雕、镂雕等。砖雕内容丰富多样，有模拟木构建筑的屋檩、房椽、斗拱、角梁（阳马）等，有龙、狮子、鹤、松、梅等动植物图案。

二、石

石材，是中国古建筑的重要建筑材料，石构建筑也是中国古建筑的重要组成部分。春秋时期，人们学会用铁制造工具并使用之后，石材的加工和开采变得容易。秦汉之后，石材被广泛用于建筑建造中。

中国古代对石材的运用可以分为三种类型，石材构筑物、石窟，以及木构架建筑中的石构件。下面主要介绍一些石材构筑物和石窟。

（一）石材构筑物

石材构筑物包括石塔、石牌楼、石桥等。

石塔主要集中在福建省，类型也像前述砖塔一样有空筒和实心之分，外观主要为模仿楼阁式木构塔形式。

石牌楼是用石材制作的以标志重要地理位置、表彰功名、赞颂贞节等为目的的标志性建筑物。石牌楼由基座、身和顶组成。由于木牌楼不耐久等原因，石牌楼逐步取代了木牌楼。

由于石材不惧风吹日晒，耐久性好，还有良好的抗压能力，用来造桥颇为合适。说到古代石桥，河北省赵县的赵州桥和北京市颐和园的十七孔桥都是古代石桥的经典案例。赵州桥在前文已有论述，此处不再赘述。颐和园的十七孔桥是园内连接小岛和昆明湖东岸的一座石拱桥，建于清代乾隆年间。十七孔桥顾名思义由 17 个拱洞组成，每个拱洞上都有乾隆皇帝的题词，桥上据说共有 544 只精美的狮子雕刻。十七孔桥文化底蕴深厚，美学价值高，堪称石材桥梁的经典。

（二）石窟

石窟是在崖壁上开凿洞窟、加工雕刻的建筑物。

魏晋南北朝时期，大量石窟随着佛教的传入而出现。后来，石窟在各朝代都有开凿，但在宋朝以后逐渐没落。著名的云冈石窟、敦煌莫高窟、龙门石窟等是中国石窟工程的代表。

位于甘肃省敦煌市的莫高窟是中国规模最大、内容最丰富的佛教艺术石窟。莫高窟，坐落于河西走廊西部尽头的敦煌。它的开凿从十六国时期至元代，前后延续约 1 000 年，这在中国石窟中绝无仅有。它既是中国古代文明的一个璀璨的艺术宝库，也是古代丝绸之路上曾经发生过的不同文明之间对话和交流的重要见证。下面，笔者以第 9 窟和第 420 窟为例展开讲解：

第 9 窟始建于西魏，后经北周、隋、唐、清代等重修。洞窟的平面呈方形，有中心塔柱，前部为人字坡顶（已塌毁），后部为平綦顶。窟室中央为方形中心柱，龛内外的塑像多为清代重修。

第420窟创建于隋，宋、西夏重绘部分壁画，主室为覆斗形顶，南、西、北壁各开一龛，被称为“三龛窟”。主室窟顶为斗四莲花藻井，花饰三兔纹样井心。藻井内岔角绘童子形飞天，外岔绘有翼兽，方井外框饰以忍冬狮子联珠纹。四边垂幔铺于四披。四披绘有大幅的经变场面。各场面间以树石花卉、塔庙寺院、流泉莲池、行云飞花等景物作为分隔。

莫高窟中有十分丰富的建筑史资料。敦煌壁画自十六国至西夏描绘了成千上万座涉及不同类型的建筑画，有佛寺、城垣、宫殿、草庵、穹庐、帐、客栈、酒店、烽火台、桥梁、监狱、坟茔等，这些建筑有以成院落布局的建筑组群，也有单体建筑。壁画中还留下了丰富的建筑部件和装饰，如斗拱、柱坊、门窗，以及建筑施工图等。这些历经千年的建筑形象资料，向我们展示了一部中国建筑史。

莫高窟不仅是中华文明的生动见证，也在人类文明进步和世界文明进程中闪耀着璀璨的光芒。

第四章　中国古建筑结构

第一节　古建筑木构架用材与构件

一、古建筑木构架常用木材的种类

（一）按树叶形式分

木材树种按树叶形式可分为阔叶树和针叶树。

1.阔叶树

阔叶树，是一大类乔木树种的统称，因树叶扁平宽阔得名。阔叶树大多数属于双子叶植物。根据树叶对季节变化的反应，阔叶树可分为常绿阔叶树和落叶阔叶树。树干的通直度一般较差于针叶林，树冠一般较宽广。由阔叶树组成的树林，称为阔叶林。阔叶树的经济价值大，不少为重要用材树种，其中有些为名贵木材，如樟树、楠木等。阔叶树种类繁多，多为硬杂木，因此制作家具常用优质阔叶树类木材。

2.针叶树

针叶树，是松柏纲植物的统称，因叶形都近似针形（针形、鳞形、钻形、条形和刺形）且多为乔木而得名。针叶树由松科、杉科和柏科组成，属于裸子植物。

针叶树是树叶细长如针的树，多为常绿树，材质一般较软，有的含树脂，故又称软材。针叶树主要生长在温带地区。针叶树种多生长缓慢，寿命长，适应范围广。多数种类在各地林区组成针叶林或针、阔叶混交林，为林业生产上的主要用材和绿化树种。

针叶树材的解剖分子比较简单，排列也比较规则，主要包括轴向管胞、木射线、木薄壁组织和树脂道。轴向管胞是组成针叶树材的主要细胞，约占整个木材体积的90%以上。管胞是一种锐端细胞，它的主要功能是输导水分以及提供机械支持。

（二）按软硬程度分

木材树种按软硬程度可分为软木和硬木。

1.软木

软木取自针叶树（或常青树）。一般树干通直而高大，容易有大材料，纹理平顺，材质均匀，木质较软而易于加工。表面看密度和胀缩变形较小，耐腐蚀性强。软木由于其质地松软的特性，在家具中一般不能作为框架结构的用料，而常用来充当非结构部分的辅助用料，或用来加工成各种板材。软木一般不变形、不开裂，这是其优于硬木之处。常用的软木有红松、白松、冷杉、云杉、柚木、柳桉等。软木有不同的抗风化性能。许多树种还带有褐色、质硬的节子，这类节子常溢出黏性液体。做家具前应用松脂将其清除干净，然后再进行虫胶密封处理。松动的节子要用白胶粘实后再进行虫胶处理。

2.硬木

硬木取自阔叶树，如橡树、槭树、桦树和桃花心木等。这类木材一般比软木贵，但强度较高，使用期亦较长。不要怕用硬木，只要工具锋利，和软木一样，完全可以顺利进行锯割、拼接等。

许多硬木具有很好的表面装饰性能，往往能获得很好的装饰效果。

硬木质量的好坏与干燥处理及存放条件密切相关。虽然现代的木材烘干或风干技术是能满足要求的，但仍需要时间进行水分调整，以便使木材达到一定的使用条件。如果木材风干效果不好或堆放不当，那么在木垛周围仍会凝聚水分，形成永久性污斑，并渗入板内。由于板材两端风干速度较快，因此在风干期间，板材两端应涂漆或沥青。

二、古建筑木构架常用木材的特性

（一）榆木

榆木是榆科，榆属，主产温带，落叶乔木，树高大，遍及北方各地，尤其黄河流域随处可见。榆木质地硬朗，纹理直而粗犷。从古到今榆木备受欢迎，是上至达官贵人、文人雅士、下至黎民百姓制作家具的首选。

榆木木性坚韧，力学强度较高，耐腐蚀性强，硬度与强度适中，适合雕刻，可用于透雕、浮雕等。榆木心材、边材区分明显，边材为暗黄色，心材为暗紫灰色。榆木纹理通达清晰，刨面光滑，弦面花纹美丽，有着近似“鸡翅木”的花纹。木材经整形、雕磨髹漆，可用于制作精美的雕漆工艺品。中国的榆木家具以明式款为主，造型简练，线条流畅，风格典雅大方。明式家具装饰适度，繁简相宜，局部装饰恰如其分。

榆木有新老之分。易变形、爱长虫、收缩严重是新榆木家具的缺点。而老榆木家具的缺点是有些地方会有老虫眼、老开裂、老榫头眼等。经过干燥房严格干燥的榆木家具是不易开裂的，但是榆木不易干，现在市场上有很多榆木板材受成本、设备等的限制，木材的烘干不到位，所以制作出来的榆木家具很容易出现开裂和变形。

（二）橡木

橡木材质较硬重，花纹美观，是制作家具、地板、室内木线等的优质材料。橡木边材、心材区分略明显，边材为灰黄白色，心材色泽多变，从黄褐色微红至红褐色。橡木纹理直，有时亦有斜纹，结构粗。橡木木材具有较高的力学强度，耐磨损，气干密度为 0.66～0.77 g/cm^3。橡木不易干燥，干燥时易开裂翘曲。木材锯解、切削不易，但易于钻孔。橡木易刨切获得光滑的表面，但湿材易起毛。木材握螺钉力大，但不易钉入。

橡木具有比较鲜明的山形木纹，并且表面有着良好的质感，经过特殊处理的橡木除了具有一般实木的优点，其韧性极好，可根据需要加工成各种弯曲状，颇具美感。橡木比较厚重，有红木家具的端庄沉稳，但其价钱却比红木低了许多。橡木质地坚实，制成品结构牢固，使用年限长。不少橡木脱水后，由于弯曲变形已经不适宜再充当家具用料。

（三）水曲柳

水曲柳是古老的孑遗植物，分布区虽然较广，但多为零星散生。水曲柳材质坚韧，纹理美观，是做家具的良材。

在如今回归自然、简约古朴的强劲风潮下，纹理清晰的水曲柳实木家具以朴拙、粗犷的线条设计，再次受到市场关注。相比松木，它坚硬耐磨；相比红木，它价格适中，亲民友善。因此，水曲柳广受实木爱好者的青睐。

水曲柳，是木樨科渐危树种，梣属落叶大乔木，主要产地为我国东北、华北等地，呈黄白色（边材）或褐色略黄（心材），年轮明显但不均匀，木质结构粗，纹理直，有光泽，硬度较大。据了解，水曲柳因砍伐过度，数量日趋减少，目前市场上的水曲柳的大料越来越少。

水曲柳切面很光滑，油漆和胶黏性能也很好，且老化极轻微，性能变化小。水曲柳加工性能很好，能用钉、螺丝及胶水很好地固定，可经染色及抛光而取得很好的效果。水曲柳具有良好的总体强度性能、良好的抗震能力和蒸汽弯曲强度。

水曲柳的缺点是心材抗腐力不好，易受家具甲虫等的蛀食，不易干燥，易产生翘裂。水曲柳实木家具，多用小木块拼接，大块的木材收缩变形大，不适合。一些水曲柳家具基本上是主框架用水曲柳实木，大面积部分都是贴水曲柳实木皮，也是因水曲柳变形收缩大这个特性。

（四）榉木

榉树，榆科榉属的落叶乔木，树高可达 30 米，胸径 1 米，树形优美，树皮灰白或褐灰色，呈不规则片状剥落。枝为一年生，覆盖稀疏短柔毛，后渐脱落；叶呈卵形、椭圆形或卵状披针形，先端渐尖或尾尖，基部稍偏斜，秋叶呈多种颜色；雄花梗极短，雌花近乎无梗；核果呈斜卵状圆锥形，上面较偏斜。

在我国，榉树主要分布于淮河流域、秦岭以南的长江中下游地区，南至广东、广西，西至贵州及云南东南部。

榉树性喜光，喜温暖气候和肥沃湿润土壤，在微酸性、中性、石灰质土及轻盐碱土上均能生长，多生于河谷和溪边疏林中。

榉木木质紧密而较重，木纹细且较直，组织构造斑节较少，纹理清晰，色调柔和、流畅。虽然榉木不能与黄花梨等名贵木材相提并论，但在明清时期，尤其在民间，使用极广。传世的明清家具中，有许多是用榉木制作的，多为大件，如条案和大立柜等。这些家具的艺术价值与历史价值，可与其他贵重的硬木媲美。目前，国内木材市场出售的榉木多为进口，产地多为欧洲和北美地区，木质性能稳定，属于中高档的家具用材。

榉木高大，因而榉木中常见独板为案者，宽尺半、长丈余属于平常。柜门一般都是独板，厚板一分为二，翻转为左右两门。榉木木材坚实，色纹并美，层层如山峦重叠，其中塔形纹最佳，俗称宝塔纹，双宝塔纹柜门则是柜中上品。

榉木材质坚硬，结构细，耐磨，有光泽，干燥时不易变形，加工、涂饰、胶合性较好。由于树龄不同，榉木的颜色和密度往往有所不同，做出来的家具颜色也不统一。在窑炉干燥和加工时，榉木容易出现裂纹。榉木的干燥度以8%～12%为宜。

（五）楸木

楸树生长于我国东北、俄罗斯等极其寒冷地域，属落叶乔木。楸木软硬适中、重量中等，具有干缩率小、刨面光滑、耐磨性强等物理性能和力学性能，结构略粗；颜色、花纹美丽；富有韧性，干燥时不易翘曲；加工性能良好，胶接、涂饰、着色性能都较好；质地坚韧致密、细腻。楸木价格昂贵，是世界著名木材之一，与东南亚的黑檀木、美国的枫木等木材齐名。楸木资源极少，民间极少有机会使用，多用于制作高档乐器和军工用品（如枪托）。

随着世界木资源的日渐匮乏，楸木家具的收藏价值与日俱增。楸木不易变形，防水、耐腐。在欧洲国家，楸木都是用来做最豪华的游艇，上百年历史的大教堂等亦是用楸木做地板。楸木含有极重的油脂，这种油脂使之保持不变形，且带有一种特别的香味，能驱蛇虫鼠蚁。更为神奇的是它的抛光面颜色是通过光合作用氧化而成的，颜色会随时间的延长而更加美丽。

（六）桦木

桦木富有弹性，干燥时易开裂翘曲，不耐磨；加工性能好，切面光滑，油漆和胶合性能好。桦木常用于古建筑的雕花部件，现在较少用。

三、古建筑木构架构件

中国古代建筑以木构架为主体，因此房屋的设计也归属大木作。

由《周礼·冬官考工记》所载“攻木之工七”，可知周代木工已分工很细，以后各代分工不同。宋代房屋的附属物平暗、藻井、勾栏、博缝等的制作，归小木作，明清时则归大木作。宋代大木作以外另有锯作，明清也归大木作。木构架房屋建筑的设计、施工以大木作为主，这始终未变。

中国古建筑在唐初就已经定型化、标准化，并产生了相应的设计和施工方法。宋《营造法式》中，已载有一套包括设计原则、标准规范并附有图样的材分制（即古代的模数制），材分制一直沿用到元末。明初，明王朝大量营建都城宫室，已不再用材分制。

大木作结构构件，按功能可分为十二类。其中，拱、昂、爵头、斗四类属铺作构件，其余八类分别为：柱，额枋，梁，蜀柱、叉手等，替木，榑和襻间，阳马（角梁），椽、飞子（飞橼）。以上各类构件中，柱、椽多为圆形截面，其余多为矩形截面。宋以后各代对构件截面，按结构形式（殿堂、厅堂，或大木大式、大木小式）都详尽地规定出高度、厚度。构件截面高厚比早期多为3∶2，间有2∶1的，至明清则多为5∶4。

关于木架结构构件，主要有以下几部分：

（一）柱

柱又称柱子，为建筑中主要承受轴向压力的纵长形构件。柱一般竖立，用以支承梁、枋、屋架，常用木材、石材、砖等制成。按外形，可分为直柱、梭柱，截面多为圆形。柱处于不同的位置，有不同的名称。例如：木结构建筑檐下最外一列支撑屋檐的柱子为檐柱；在檐柱以里，位于内侧的柱子为金柱；位于建筑角部、与柱的正交的两个方向各只有一根框架梁与之相连接的框架柱为角柱；等等。有些柱不承受轴向压力，如望柱、垂花柱、雷公柱。根据截面形状不同，柱子可分为圆柱、八角柱、方柱等。按构造不同，柱子可分为单柱、拼合柱。古建筑柱子一般均有收分，即柱径上小下大呈直线轮廓收分。《营造法式》中已有梭柱做法，规定将柱身依高度等分为三，上段有收杀，中、下两段平直。元代以后重要建筑大多用直柱。明代南方某些建筑又复采用梭柱。清代多用直柱，仅于柱端稍作卷杀。

（二）额枋

额枋也叫檐坊，是中国古代木构架房屋中用在柱列上的联系构件，承托斗拱和横向的梁架，用以增强柱网的稳定性。额在汉至唐时期称“楣”。隋以前的楣多压在柱顶上，承托斗拱和梁。隋唐时，楣开始用在柱头之间，插入柱身，并分上下两层，称为“重楣”。《营造法式》称上层楣为“阑额”，下层楣为“由额”，阑额以上又平放一厚木板，称“普拍枋”；而称隋以前压在柱头上的旧做法为“檐额”。阑额、檐额用于内柱上的称“屋内额”。清式称“阑额”“由额”“普拍枋”为“大额枋”“小额枋”和“平板枋”，有时在大额枋或小额枋下加垫托的雀替，以加强柱和枋之间的联系。

《营造法式》规定檐额两端要伸出柱头外，下面用形如长拱的绰木枋承托。这种做法在五代宋初画家卫贤绘的《闸口盘车图》中可以见到，也可在河南济源济渎庙和陕西韩城的一些元代建筑中见到。屋内额用在内柱柱列间，当宋式厅堂型建筑各间梁架用柱数不同时，为求内额连成一列，无柱处内额架在梁架的驼峰或蜀柱之间。厅堂型建筑屋内额往往与柱头枋、襻间和槫用斗拱连成一体，起增强构架纵向稳定性的作用。这种做法可以从北宋初建的福州华林寺大殿和唐复建的宁波保国寺大殿中看到。明清时“襻间”改称“枋”，并在它与檩间空隙处加竖板，称“垫板”。檩、垫板、枋联用是明清官式建筑的通常做法。

《营造法式》和清工部《工程做法》所载的额的主要功能是保持构架稳定，但从现存大量宋至清代的实物看，其作用远不止于此。

现存用檐额的建筑，檐额除长 1 间者外，还有长到两三间的，多用整圆木制成，压在柱顶上，断面远大于《营造法式》的规定。它的梁架、斗拱先压在檐额上，再传至檐柱。一般檐柱即梁下，但也有梁架位置不动而把明间二柱向左右移远，以加大明间宽度的，这时檐额承梁处下面无柱，成为纵向的梁，斗拱排列与柱位也往往不相应。北京故宫养心殿就是用檐额的建筑，明间柱外移的实例则有天水市明清时重建的玉泉观前殿。

屋内额除一般作联系构件外，也有用长 2 间或 3 间的圆木的。它架在内柱上，下面省去一至两根内柱，由它来承托被省去的柱上的梁架。1137 年所建的山西五台县佛光寺文殊殿面阔 7 间，殿内用 6 道厅堂型“八架椽屋前后乳栿用四柱”的梁架，原应有 12 根内柱，但在殿内用了 3 根长 3 间的内额和两根长 2 间的内额，省去 8 根内柱。1309 年所建的山西洪洞县广胜寺下寺大殿内用了 4 根长 3 间的内额，省去 6 根内柱。这种做法减少了内柱数量，加大了内柱柱距，可以满足室内布置上的特殊要求。

有些长两三间的内额，往往在其下再加一道额，类似阑额之下的右额。在内额、右额之间，用蜀柱和斜撑联系，形成近似平行弦桁架的组合内额，承担横向梁架。这种组合内额，在近年的研究著作中，有时称为“纵架”，实物可在佛光寺文殊殿、崇福寺弥陀殿中看到。

（三）梁

梁是承受屋顶重量的主要水平构件，上一梁较下一梁短，层层相叠，构成屋架，最下一梁置于柱头上或与铺作组合。梁按长短命名：长一椽的（一步架）称“劄牵”（单步梁），长两椽的称“乳栿”（双步梁），长四椽的称“四椽栿”（五架梁），长八椽的称“八椽栿”（九架梁）。最上一梁称“平梁”（三架梁），梁上立蜀柱（脊瓜柱）承脊（脊桁）。显露的或在平綦以下的梁，称为“明栿”。明栿按外形分为直梁、月梁。直梁四面平直；月梁经过艺术加工，形弯如弓。隐蔽在平綦以上的梁，表面不必加工，称为“草栿”。四阿殿（庑殿）屋顶和厦两头（歇山）屋顶两侧面所用垂直于主梁的梁称“丁栿”（顺扒梁）。在最下一梁之下安于两柱之间与梁平行的枋，称“顺栿串”。明清时有紧贴梁下的枋，称“随梁枋”。

（四）蜀柱、叉手

蜀柱、驼峰、托脚、叉手等，是各架梁之间的构件。早期建筑，梁上安矮柱、驼峰，上安斗、襻间，承托上一梁首，又在梁首斜安托脚，斜托上架椽。平梁上安蜀柱、叉手。蜀柱头也安斗，用襻间，承脊椽，柱脚用合踏（角背）。叉手原是立在平梁上，顶部相抵呈人字形的一对斜撑，承托脊椽，通用于汉唐。晚唐五代起改用蜀柱承椽，叉手成为托在两侧加强稳定性的构件，作用近于托脚。明清官式建筑梁上均用短柱，按所在位置称“上金瓜柱”“下金瓜柱”“脊瓜柱”等。往下各用脚背，并不用托脚、叉手。当庑殿推山加长脊椽时，在椽头下另加一道平梁，称“太平梁”，梁上立一柱称“雷公柱”。

（五）替木

替木是起拉接作用的辅助构件，常用于对接的檩子、枋子之下，与檩、枋平行，用于两构件对接的接口之下，以增加连接的强度，防止檩、枋拔榫的作用，并起到缩短跨距的作用。替木在唐宋建筑中是必用的，而明清官式建筑中已不用。

（六）槫和襻间

承载椽子并连接横向梁架的纵向构件，截面圆形的称“槫”，矩形的称“承椽枋”。槫的长度即各间的间广，如遇出际，另增挑出长度。至房角则于椽背上另加三角形生头木，使屋面纵向微呈曲线，与柱子生起相对应。

襻间用于槫下，是联系各梁架的重要构件，可以加强结构的整体性，有单材、两材等组合形式。

（七）阳马

阳马，用于四阿殿屋顶、厦两头屋顶转角 45°线上，安在各架椽正侧两面交点上。最下用大角梁（老角梁）、子角梁承受翼角椽尾。子角梁上，逐架用隐角梁接续。用于四阿殿的，至脊椽止；用于厦两头的，至中平暗止。

第二节　古建筑木构架的结构方式

中国古代的建筑以木构架结构为主，经过历朝历代的不断完善，形成了其独特的风格和构架方式。古代的木构架主要有抬梁式、穿斗式、井干式三种不同的方式。

一、抬梁式

抬梁式，又称叠梁式，是在立柱上架梁，梁上又抬梁，使用范围广，在宫殿、庙宇、寺院等大型建筑中普遍采用，更为皇家建筑群所选用，是木构架建筑的代表。

早在春秋时期抬梁式木构架就已经很完备，经过后人的不断完善，逐渐形成了一套完整的安装方法，大体可以表述为：首先在打好的台基上沿房子的进深方向立若干柱子，每柱上架梁；再在梁上重叠数层瓜柱和梁，最上层梁上立脊瓜柱，构成一组木架构，其形成就像是一个简易的牌坊；平行的两组木梁架之间用枋来横向联结柱的上端，各层梁架和脊瓜柱上分别安置与构架成直角的檩。檩不仅起联系各构架的作用，其上还呈 90°角垂直排列众多的椽子，以承载屋面重量。

两个木构架中间的空间即为“间”，这是中国独特的房屋计量方式，一座房屋通常由若干间组成。这种木构架组合的灵活性使得房屋建筑的形状有多种选择，可以是规则的三角形、八角形、圆形和不规则的万字形、花瓣形等。这种结构不仅可建造特殊的平面建筑，还可建造多层的楼阁建筑与塔。

二、穿斗式

穿斗式木构架大多使用在民间建筑上，尤其是南方地区使用得更加普遍，这种构架形式也是沿房屋纵深方向立柱，所不同的是，柱头直接支撑檩条，立柱之间以串枋的形式用榫卯相连。由于没有了横梁，穿斗式建筑的每一开间为一开敞空间，不能够像抬梁式建筑那样建筑内部整体形成一个大空间，因此室内空间较抬梁式的室内空间狭小。

穿斗式的木构架在汉代发展成熟，现在仍在南方地区普遍使用。穿斗式木构架的优点在于其所要求的木料不像抬梁式建筑那样必须是硕大的木材。在实践中，工匠们还发展出在房屋的两端山面用穿斗式，而建筑的中间用抬梁式的混合结构法，既节省了大型建材，又得到了开敞的空间。

三、井干式

井干式结构是一种不用立柱和大梁的中国房屋结构。这种结构以圆木或矩形、六角形木料平行向上层层叠置，在转角处木料端部交叉咬合，形成房屋四壁，形如古代井上的木围栏，再在左右两侧壁上立矮柱承脊檩构成房屋。

中国商代墓椁中已应用井干式结构，汉墓仍有应用。所见最早的井干式房屋的形象和文献都属汉代。在云南晋宁石寨山出土的铜器中就有双坡顶的井干式房屋。《淮南子》中有“延楼栈道，鸡栖井幹”的记载。

井干式木结构是中国传统民居木结构建筑的主要类型之一。井干式木结构木材消耗量较大，因此在森林资源覆盖率较高地区或环境寒冷地区（如中国东北地区）有较广的应用。

第五章　中国古建筑形制

第一节　古建筑屋顶

林徽因曾说："最庄严美丽，迥然殊异于他系建筑，为中国建筑博得最大荣誉的，自是屋顶部分。"在一座单体建筑物的屋顶、屋身、台基三个组成部分中，屋顶给人的印象与直观感最为深刻，并且颇多变化。

中国古建筑屋顶的独特做法和独特的形象，被诸多外国建筑学者称赞。俯视古建筑屋顶，首先映入眼帘的是一片瓦浪，隐没在其中的屋脊和飞檐翘角玲珑古朴、气势张扬，加上屋脊上的龙蛇鸟兽等装饰及瓦当上的植物纹、几何纹、雷纹、人形纹等，令人心旷神怡。这些屋顶耗尽一代又一代建筑工匠们的毕生心血，支撑起中国建筑的辉煌。

一、屋顶的形式

要了解古建筑屋顶的形式，首先要了解屋脊的概念。中国古代木构架建筑的屋顶为斜坡屋顶，一栋建筑往往有 2 片以上的斜坡。在屋顶上，斜坡与斜坡相交的地方形成高出屋面的交线，叫屋脊。屋脊根据相交位置的不同有不同的名称。

（一）正式屋顶形式

1.硬山顶

硬山顶只有前后两个坡面的屋顶，两个坡面在屋顶正中央相交处形成正脊。房屋左右两边的墙和坡面相交，形成顶部带尖的墙轮廓，这两面墙叫作山墙。而坡面和山墙相交处形成的4条屋脊叫作垂脊。屋顶在垂脊处结束，不再延伸，与山墙齐平，这种屋顶形式就是硬山顶。硬山顶构造相对简单，是屋顶中最常见的形式。北京的四合院普遍采用硬山顶。

2.悬山顶

悬山顶也有前后两个坡面，两个坡面相交形成一条正脊，屋顶在与山墙相交处并不结束，而是悬挑出山墙外一定距离，在屋顶尽端形成4条垂脊。也正是因其屋顶悬挑出山墙之外，故得名“悬山顶”。悬山顶也是普通古建筑房屋常采用的屋顶形式。

3.庑殿顶

庑殿顶在前后左右4个方向有4个坡面，前后两坡面相交形成正脊，左右两坡面分别与前后两坡面相交形成4条垂脊。庑殿顶多用于礼仪盛典类和宗教类建筑，显得庄严、肃穆，如北京天坛中的皇乾殿和斋宫等。

4.歇山顶

歇山顶的出现晚于庑殿顶。它也有前后左右4面斜坡，前后两坡为正坡，左右两坡为半坡，半坡以上的三角形区域为山花。前后两坡相交成1条正脊，前后两坡与三角形区域相交成4条垂脊，与左右两坡相交形成4条戗脊。由于垂脊到戗脊处中间看上去像折了一下，好像“歇了一歇”，故名“歇山顶”。歇山顶应用非常广泛，宫殿、庙坛、衙门等建筑都会用到歇山顶。

上述四种屋顶是古建筑屋顶中最基本的四种形态，也是比较正式的官方建筑的屋顶做法，被称为正式屋顶形式。

（二）非正式屋顶形式

其实，中国古建筑在园林、民居等中除了以上四种正式的屋顶形式，还有许多非正式的屋顶形式，它们适于不同的建筑类型、建筑平面。

1.攒尖顶

攒尖顶是广泛用于园林、景观类建筑中的一种样式较为灵活的屋顶。它无正脊，只有垂脊。其中，中央有圆形的突出型装饰构件的屋顶叫作宝顶。攒尖顶适用于楼、阁、塔等建筑，常见平面有圆形、正多边形等。北京故宫的中和殿、交泰殿和天坛的祈年殿使用的都是攒尖顶。

2.盝顶

盝顶顶部为平顶，有四个正脊、一圈外檐，外檐下接庑殿顶。盝顶在金元时期比较常用，明清时期也有很多盝顶建筑。例如，北京故宫中明朝所建的钦安殿。

3.盔顶

盔顶就像古代士兵的头盔。它没有正脊，只有垂脊，各垂脊交于屋顶正中。这一点与攒尖顶类似，但盔顶的垂脊并不是直的，而是像头盔一样上半部向外凸，下半部向内凹，角部起翘。盔顶多用于碑、亭等礼仪性建筑。

4.勾连搭顶

古代建筑前后方向尺寸过大时，会把屋顶做成两对或多对前后坡屋顶相连的样子，这样的屋顶就叫作勾连搭顶。

二、屋顶的等级表达

（一）从硬山顶到庑殿顶

从大量的古建筑实例中可以看出，皇家宫殿、大型寺庙的重要建筑大多使用庑殿顶和歇山顶样式，而一般性的建筑，如皇家宫殿和寺庙的配套建筑、民间住宅等多用悬山顶和硬山顶样式。建筑屋顶的样式和建筑等级存在对应关系，可以说古建筑都是根据建筑等级来选择屋顶形式的。前面讲述的四种基本的屋顶形式，按等级由低到高依次是硬山顶、悬山顶、歇山顶和庑殿顶。

（二）单檐与重檐

古建筑屋顶还有单檐和重檐的区别。中国古建筑大多为单层建筑，单檐是指 1 个单层建筑只有 1 个屋檐，而重檐是指 1 个单层建筑有 2 个或 2 个以上的屋檐。常做重檐的屋顶样式有歇山顶、庑殿顶和攒尖顶。

在歇山顶和庑殿顶中根据建筑等级来排列，由低到高依次是单檐歇山顶、单檐庑殿顶、重檐歇山顶和重檐庑殿顶。单檐攒尖顶和重檐攒尖顶多用于园林建筑等场合中。单檐等级低于重檐。

（三）起脊与卷棚

另外，古建筑屋顶做法还有起脊与卷棚的区别。起脊屋顶就是常见的带有正脊的屋顶，而卷棚屋顶前后两坡面相交处没有正脊，只做成弧线曲面过渡。卷棚屋顶只是在正脊处略有不同，山墙处依旧可以做成硬山顶、悬山顶和歇山顶。卷棚屋顶线条流畅、柔和平缓，多用于园林建筑。在等级上，卷棚屋顶低于起脊屋顶。河北省承德市避暑山庄的宫殿建筑大都采用卷棚屋顶，以便和北京故宫相区别。

三、瓦

古建筑屋顶所用的瓦件材质、脊件做法和脊饰的构成存在差异。古建筑把屋顶分为大式做法和小式做法，根据建筑物的功能和居住者的身份地位来具体确定相应的做法。例如，大式屋顶可以采用琉璃瓦，而小式屋顶则不允许；同时琉璃瓦的颜色也有严格的等级要求，黄色最高贵，绿色次之。在清代，只有皇家建筑和寺庙才能用黄色琉璃瓦或黄卷边；亲王、阿哥、郡王府邸用绿色琉璃瓦或绿卷边；离宫别馆和皇家园林用黑、蓝、紫等色琉璃瓦；低品位的官员和平民只能用青灰色的布瓦。

（一）瓦的缘起

瓦是中国古建筑的传统屋顶构件。在中国向来都有“秦砖汉瓦”之说，但这并不是说中国古建筑的砖瓦起源于秦或汉。据考古发现，早在秦汉之前，砖瓦就已经出现了。

关于中华瓦的发明，有许多传说。流传较为广泛的说法是神农不仅教会了人们耕种、治病，他还是制陶的人文初祖。《周书》云：“神农耕而作陶。”由此可知，瓦器的发明是与农耕联系在一起的。

从文献记载看，我国古建筑用瓦始于夏朝。我们可以从有关的文字记载中窥探到一些瓦器出现之初的情况。《古史考》载：“夏世昆吾氏作屋瓦。”《博物志》载：“桀作瓦。”《天工开物》记述了瓦从选土选料、烧制到成品的过程。迄今为止，瓦的实物最早见于西周早期遗址。瓦当的考古发掘所获实物最早见于宝鸡市扶风县西周中晚期的召陈遗址。瓦解决了屋顶防雨水的问题，使我国古建筑摆脱了“茅茨土阶”的简陋状态。在建筑史上，瓦是我们祖先了不起的独创性发明。

（二）瓦的种类

瓦的种类繁多，从不同的角度可以进行不同的划分。按材料来划分，瓦可分为泥瓦、铁瓦、琉璃瓦等。泥瓦，是古建筑中用量最大、所占比例也最大的瓦。琉璃瓦是采用优质矿石原料，经过筛选粉碎、高压成型、高温烧制而成的。

按安放位置不同，瓦可分为筒瓦、板瓦、瓦当、滴水等。筒瓦是横断面为半圆形的瓦，安装在两行板瓦之间的缝隙上，其尾端有筒瓦之间起褡裢作用的小半圆形熊头。板瓦是横断面小于半圆的弧形瓦，其前端较窄而后端稍宽。瓦当是安放在屋面筒瓦垄沟最下端出檐处的防水瓦件，由于瓦当具有极强的装饰性，故为古建筑游览审美的主要对象。滴水是安放在屋面板瓦垄沟最下端出檐处的排水瓦件，也称滴子，断面与板瓦相同，前端为如意形舌片，也称滴唇，可防止雨水回流，其上有各种花纹图案。瓦当、滴水由瓦口板定位承托，屋面中心线安置滴水，瓦当在两侧排列。

四、屋脊

宫殿、寺庙建筑屋脊形式主要有以下几种：

1.正脊

正脊为前后两坡顶相交最高处的屋脊，其做法有大式做法的大脊，小式做法的清水脊、过脊垄、鞍子脊等，具有防水及装饰功能。大脊的脊件种类和层次较多，一般由盖脊瓦、正脊筒、群色条、亚带条、正当沟和正吻组成。正脊位置的木构架是脊桁和扶脊木。为了正脊的稳定，穿过脊筒安置数根脊柱，并与扶脊木连接。

2.垂脊

垂脊为在屋顶与正脊相交且向下垂直的屋脊，如庑殿屋顶正面与侧面相交的屋脊，也称庑殿脊。在歇山顶、悬山顶、硬山顶建筑两山部位屋面边缘，顺山尖而上所做的垂脊称为排山脊。在垂脊上安装垂脊筒，该筒的纵向肋上留洞用以穿铁丝防止下滑。垂兽位于正心桁的中心线上，按垂兽位置可将垂脊分为兽前、兽后，兽前安置仙人走兽。

3.戗脊

戗脊为歇山顶的四个檐角处的斜向屋脊，重檐建筑的下层角檐，在平面上与垂脊成45°角，亦称岔脊、角脊。

4.博脊

博脊为斜坡屋顶上端与建筑垂直面相交部分的水平脊，重檐屋顶的下层水平脊，亦称围脊，在转角安置合角吻或合角兽。

五、山花

山花是建筑名词，在中国传统建筑中指歇山式屋顶两侧形成的三角形墙面，在西方古典建筑中指檐部上面的三角形山墙，是立面构图的重点部位。早期的歇山顶仅有博风板为透空的，不做山花板，只在博风板中间安装悬鱼，沿着檩的位置安装惹草，明代歇山顶建筑一般用砖砌山花。清代歇山顶建筑山花成为屋顶上主要的装饰部位，不做悬鱼、惹草，在博风板、檩子的部位钉梅花钉，有的做贴金装饰。

第二节　古建筑台基与栏杆

“雕栏玉砌应犹在，只是朱颜改”是五代南唐后主李煜的《虞美人》一词中的佳句。玉砌就是用白色大理石砌筑的房屋阶基，也叫台基；而雕栏就是那阶基上的石栏杆，古代也叫勾栏。台基是中国古建筑三大要素之一，它是整座建筑的基础，虽然在观感上，台基不如屋顶和屋身明显，其文化意义却是深邃而隽永的。

一、台基

台基是建筑下面用砖石砌成的突出的平台，是建筑的底座。传统建筑中石工制作以台基为重点。台基四周压面包角虽不直接承重，但有利于基座的维护与加固，而且起到美观的作用。

（一）台基的功能

台基的功能可以分为原始功能和派生功能两大范畴。原始功能指台基的基本用途，满足基本需求。派生功能则是衍生功能，满足更高的要求。

1.防水避潮

木构架之所以在中国古建筑中普遍地应用，一个重要的技术关键就是成功地把木构和夯土结合起来。夯土台基不仅为承重木柱提供了坚实的土基，而且通过土的夯实阻止了地下水的蒸发，有效地保证了土木结构的工程寿命。此外，古人习惯席地而坐，这也迫切需要提升地面标高以避潮。这两方面的防水避潮要求，是形成台基的主要原因。后来随着胡床的盛行，席地而坐演进为垂足而坐，平座式台基也相应消失。所以说，工程和席座的双重防水避潮是台基的原始基本功能，也是影响阶制变迁的重要因素。

2.稳固屋基

在磉墩之间随面阔和进深砌筑出一道道的挡土墙，挡土墙之间便形成井格，格内填土，四周包砌砖石，就形成台基。这种台基，虽属于浅基，但依然能起到稳固屋基的作用。

3.调适构图

基于技术性功能的需要形成的台基，很自然地充当了建筑艺术表现的重要手段。它为殿屋立面提供了宽阔、有分量的基座，避免了庞大的屋顶可能带来的头重脚轻的不平衡构图，极大增强了殿屋造型的稳定感。加上大片的白玉阶基，与红柱、黄瓦相辉映，在蓝天白云衬托下，组成了一幅美丽的画卷。一些须弥座和石栏杆，更为宫殿增添了些优美动人之处。可以说，台基在形体、材质、色彩的构成上具有重要的调适功能。

4.扩大体量

木构架建筑由于自身结构的限制，屋身的间架和屋顶的悬挑都不能采用过大的尺度，而台基则有很大的扩展余地。提升台基的高度，放大台基的体量，可以使宫殿更加庄严。

5.调度空间

庭院式布局，核心为建筑物，台基是过渡物，能够划分庭院层次与深度，起到组织空间、调度空间和突出空间重点的作用。

6.标志等级

低等级建筑，台基为单层；高等级建筑，台基可多至三层。控制台基的等级，有助于区分建筑的主从关系，从而加强建筑组群自身的整体协调性。历朝历代对台基的高度都有明确规定，如：《周礼·冬官考工记》记述了台基高度规制，一直到清代，《清会典事例》仍然延续着对台阶高度的严格等级限定。顺治十八年（1661 年）规定：公侯以下、三品官以上房屋，台阶高二尺；四品官以下至士民房屋，台阶高一尺。

7.独立建坛

台基除了上述几个功能，在一些特定的场合，还可以与屋身、屋顶分离而独立构成单体建筑，祭祀建筑中的祭坛就属此类。在北京天坛中，二重同心圆的汉白玉台基组成了“圜丘”的主体。坛面上设有屋身、屋顶，只有周围方、圆两圈矮墙环绕，就组构了极为开阔、纯净的建筑空间，既适用于祭天的仪典，也显示出台基独立组构建筑的潜能。

（二）台基的基本构成

明清官式建筑的台基已是高度程式化的。从构成形态上看，台基可以分为四个部分：一是台明；二是台阶；三是栏杆；四是月台。关于栏杆，此处不作详细介绍。

1.台明

台明即台基的基座，是台基的主体构成。从样式上台明可分为平台式和须弥座两个大类。平台式自身根据包砌材料的不同，可分为两种，“砖砌台明”和“满装石座”。砖砌台明为一般房屋所通用，最为普及，属于低等次台基。满装石座是考究的做法，主要用于重要组群的一般宫殿，属于中等次台基。而须弥座则是很隆重的做法，主要用于重要组群的重要宫殿，属于高等次台基。根据台明的形式和做法，就形成了高、中、低三等次，以满足不同等级宫殿的需要。

2.台阶

台阶即踏垛，是上下台基的阶梯，通常有垂带踏跺、如意踏跺。垂带踏跺分为带御路和不带御路两种。御路原为中国宫殿建筑形制，是位于宫殿中轴线上台基与地坪以及两侧阶梯间的坡道，在封建时代只有皇帝才能使用，但皇帝进出宫殿多以乘舆代步，轿夫行走于台阶，于是多将御路雕刻成祥云腾龙图案，以示皇帝为真命天子之意。御路后来亦为中国寺庙（和孔庙）所沿用。御路踏跺等级高于非御路踏跺，垂带踏跺等级高于如意踏跺，从形式上踏跺也粗分为高、中、低三个等次。

3.月台

在古建筑中，正房、正殿突出连着前阶的平台叫月台。月台是建筑物的基础，也是它的组成部分。由于此类平台宽敞而通透，一般前无遮拦，故是看月亮的好地方，也就成了赏月之台。月台是台明的延伸和扩展，做法与台明相同，形制上区分为“正座月台”和“包台基月台”。月台形式与台明相同，也分平台式和须弥座两类，做法也与台明完全一致。

（三）台基的组合方式

多种多样的台基，就是运用多方面的构成因子进行排列组合，形成的丰富的台基系列。台基的组合方式大体上可以分为以下三类：

1.台组合

由单一的基座与台阶、石栏组成的组合，既没有月台，也没有层叠多重的台基。

2.台组合体

在单台的组合体中增加了月台，此时月台的形制与基座的形制完全一样。

3.中台组合体

中台组合体即重叠台基的做法，是最高等级的台基形制。

二、栏杆

栏杆是桥梁和建筑上的安全设施。栏杆在使用中起分隔、导向的作用，使被分割区域边界明确清晰。设计好的栏杆，也具有一定的装饰作用。周代礼器座上有类似栏杆的构件。汉代以卧棂式栏杆为最多。六朝（三国吴、东晋，以及南朝的宋、齐、梁、陈六国）盛行钩片钩阑。元明清的木栏杆比较纤细，而石栏杆逐渐脱离木制栏杆的形制，趋向厚重。

栏杆是中国古建筑中经常出现的一种建筑构件，是个体建筑形象和群体建筑形象美的构成部分。栏杆也是人们游览古建筑时的主要赏析对象，是一种富于诗意的建筑，在许多古诗词中都有它的身影。

（一）栏杆的概念

栏杆，古称阑干，也叫钩阑，是用竹、木、金属或石头等制成的拦隔物。梁思成认为：栏杆是台、楼、廊、梯或其他居高临下处的建筑物边沿上防止人、物下坠的障碍物，通常高度约合人身之半。栏杆在建筑上本无所荷载，其功用为阻止人、物前进或下坠，却以不遮挡前面景物为限，故其结构通常都很单薄，玲珑巧制，镂空的居多。

（二）栏杆的造型

最早的栏杆始于何时难以确定。由于建筑物本身的地位、等级及建筑的需要，出现了不同的石栏。

1.只用栏板而不用望柱的栏杆

此种栏杆较为朴实，常见于古典园林和一些石桥之上，其主要功能就是阻挡与防护，形制简朴。

2.以长条石替代栏板的栏杆

这类石栏杆，造型上更为简朴，但在实际中不太常见。

3.以栏板与望柱构成的栏杆

这种类型的栏杆在古建筑中较为常见。这种栏杆虽是石造，却是仿木结构的，在其造型中仍保留着木栏杆的所有部件，有时其上还有花草、龙兽与云水等花纹。

（三）栏杆的分类

栏杆的种类有很多，下面主要介绍古建筑中最常见的木栏杆和石栏杆。

1.木栏杆

《营造法式》小木作制度中，按栏杆的尺度大小及装饰繁简分为“重台钩阑”与“单钩阑”两种，实际中单钩阑居多。单钩阑的做法如下：转角施望柱；望柱之间上施寻杖，下安宽而平的枋木（盆唇木）、栏板与地栿；寻杖与盆唇木之间的空当施瘿项或撮项云栱。宋以前木钩阑的寻杖多为通长，仅转角或结束处才立望柱。寻杖止于转角望柱而不伸出的，《营造法式》中称“寻杖合角造”。寻杖在转角望柱上相互搭交而又伸出者，称为“寻杖绞角造”。唐宋画作中所见，不但寻杖绞角，盆唇木、地栿也常用绞角。绞角造，元代以后已不常使用。宋、辽、金建筑中，栏杆上的花纹图案十分丰富，如山西大同华严寺内的辽代壁藏的平座勾栏，花纹样式多达 34 种。

宋代栏杆的瘿项云栱、撮项云栱在明代已逐渐演变成荷叶净瓶式，明清官式的石栏杆也以荷叶净瓶为多。在明清民间住宅及园林中，栏杆的样式千变万化，明末造园家计成所著的《园冶》中收录的明代栏杆样式有 100 种。明清时期的住宅、商店、会馆等建筑中，还流行一种不用寻杖的栏杆，栏杆整体由几何图案或各式棂花的栏板组成。北方住宅、园林之中，还有一种安装在柱脚处的“坐凳楣子”，也叫“座栏”，是一种高度只有 40 cm 左右的低栏杆，不施寻杖，盆唇很宽，可供坐下休息。坐凳楣子经常与额枋下的倒挂楣子配合使用。北方商业建筑的平台屋面边缘，还安装朝天栏杆，主要用作装饰。唐宋壁画、画作中常见到室外平台上使用木栏杆。用于临池及高台基边缘的木栏杆，应注意坚实稳固、安全可靠，可以在木望柱、地栿或寻杖中预埋铁筋加固。

鹅颈椅是一种有弯曲栏杆的固定式坐槛椅，近水的榭、轩、亭、阁经常使用，南方又称“飞来椅”“美人靠”“吴王靠”，除了可供休息凭倚之用，还能增加建筑外观上的变化。在宋画中有许多鹅颈椅的形象，《营造法式》中“阑槛钩窗”就是它的早期形式。鹅颈椅位于檐下，常受风雨侵蚀，故其结构应安全可靠，以免发生意外。江南各地鹅颈椅常将靠背的榫头插入座槛卯口，再用铁钩或木条拉住；也可以增加鹅颈的数量，使寻杖连接固定。

2.石栏杆

石栏杆出现较晚，南北朝遗址中只发现了石螭首，栏板与望柱均未见实物。隋代安济桥、五代栖霞寺舍利塔石栏杆，都是仿木栏杆的做法。

《营造法式》载：“重台钩阑每段高四尺，长七尺。”高度及长度是固定的，可以说是预制构件，因为石材制作有一定困难。从《营造法式》所述看，钩阑的做法，可能是分成寻杖、云栱、盆唇、束腰、华版、地栿等构件拼装的。但实际上若像小木作那样分件细致，是不利于钩阑稳定的。如南京栖霞寺五代南唐舍利塔勾栏，望柱、寻杖、云栱各分件制作，盆唇、地栿及两者之间的万字板，用一整石雕成，再分段拼接。浙江绍兴宋构八字桥钩阑、江苏苏州玄妙观宋构三清殿石钩阑，望柱以内，钩阑由整石雕成，已与明清官式石作钩阑做法相近。

清官式石栏杆又称“栏板望柱”“栏杆柱子”，由下面的地栿、两端的望柱与中间的栏板组成。台阶上的栏杆柱子，还在下端加抱鼓或靠山兽，因而垂带之上，地栿、柱子、栏板称为“斜地栿”“斜柱子”“斜栏板”。清式有禅杖栏板（寻杖栏板）与罗汉栏板两大类。栏板用整石做成，用榫头插入望柱与地栿。禅杖下为花瓶、透瓶或净瓶，相当于《营造法式》中的瘿项、撮项。净瓶、净瓶荷叶、净瓶云子，一般三个，两端一般只做一半。望柱下施螭首，用作排水口；每段栏杆之中，在地栿之下刻出水沟，作为辅助排水口。石栏杆望柱柱头形式很多，宫殿、坛庙等重要建筑多用云龙、龙凤、狮子、莲瓣、石榴等，住宅、园林等多使用水纹、夔龙、云子、二十四气等自由多变的样式。

江南园林中还有用砖石制成的矮栏杆，称“平台栏杆”，多用于临水的厅、堂、榭、舫，可供行人坐息，栏杆造型多变。

（四）栏杆的观赏价值

在中国古建筑中，栏杆是较为常见的。随着社会的发展，人们已不满足于栏杆的实用功能了，于是古人在栏杆的建造过程中，通过雕刻与绘画的形式赋予了栏杆承载文化的功能，人们通过观赏栏杆栏板和望柱上的各种雕刻和绘画，可以窥视建筑的特色和主题功能；同时，人们还把很多吉祥纹饰、民间传说与故事等刻于其上。在栏杆的构成上，标准型的清式寻杖栏杆，由整块栏板凿出寻杖、净瓶、面枋、素边，望柱做出柱头、柱身，地栿部位有带螭头和不带螭头的，以带螭头为高贵。石栏杆的雕饰重点在柱头上，石栏杆的等次调节也主要由柱头的雕饰来体现，可以根据实际需要灵活调节。

第三节　古建筑屋身

一、立柱

对于中国古建筑而言，屋架与立柱是木结构的基本骨骼。立柱，作为中国古建筑的重要构件，是不可缺少的承重构件。《释名》云：“柱，住也。”立柱是中国古建筑稳固不移、风雨难摧的根，它持久直立向上的姿态与挺拔的风姿，给人以深刻的印象。

（一）立柱的分类

中国古建筑源远流长，立柱的种类非常丰富，其制度也多有变化。

从建筑内部、外部空间，立柱可以分为三类：一是内柱，室内的柱子；二是外柱，室外、檐下之柱；三是亦内亦外之柱，即嵌入墙体，在室内、室外同时可以看到其局部的墙柱。

按结构、功能，立柱可以分为金柱、中柱、童柱、檐柱、门柱和山柱等。

从断面上看，中国木结构建筑的立柱一般为圆柱，也有方柱、梅花柱、八角柱、瓜棱柱、蟠龙柱等。圆形断面的木柱在进行人工加工的同时，往往保留了木柱生长的自然形态。方形、四棱形柱的出现晚于圆柱，人工加工的痕迹更强烈。

从柱身看，柱子的形态可分为直柱与收分柱，又可分为素柱和彩柱。直柱，即全柱圆径一样，或断面通体相同的柱子；收分柱，即柱子上下段均可以有变化，上下圆径并不统一。素柱，指不加任何修饰，连油漆也没有的柱子；彩柱，指华丽的柱子。

（二）立柱的历史沿革

原始初民原先以一棵大树为傍身之处，如果说以其稍事加工的树枝为“梁架”，以树叶与茅草之类为“屋顶”，那么这树身自然就是最原始的“立柱”。在穴居中，先民于平野之上挖掘洞穴，穴口向上，为避阳光、雨雪，其上加一个顶盖，以木本、草本植物的枝叶结扎，在顶盖之下用一根木棒支撑，这根木棒就是中国建筑立柱的雏形。

人们在西安半坡遗址中发现了柱子的痕迹。早期的立柱多为圆柱，秦代开始出现了方形立柱。汉代的木柱形态多样。魏晋南北朝时期，由于佛教的盛行，各种佛教装饰（典型的如各种莲花装饰）开始出现在立柱上。隋唐时期，立柱又有了较大的发展。元明清时期，直柱与檐柱两种立柱类型在北方、南方发展不平衡，北方以直柱为常式，南方除直柱外，尚保留着梭柱形制。这种柱式的分流现象，是地域文化的表现：北方人豪放、刚直，偏重欣赏直柱之美；南方人崇尚优雅，故较为喜欢梭柱。

（三）立柱的形象

立柱首先是一种技术，同时也是一门艺术。

中国建筑的大屋顶是很醒目的，它的檐口一般为略呈反翘之弧形的横线条，台基高广，所以建筑外立面立柱高耸，恰与横阔的大屋顶与台明构成对比和谐。我们常说，由于大屋顶反翘，中国建筑整体形象显得轻盈而灵动，而外立面纵直的立柱对这一整体审美效果具有较大影响。

檐柱与角柱的有序排列，构成了建筑物立面的韵律。中国建筑檐柱与角柱之和一般为偶数，如一间二柱、三间四柱、五间六柱、七间八柱、九间十柱、十间十二柱等。由立柱所划分的间，以明间面阔最大，居于立面之中部。向左右两边递减，次间为次，梢间又次，尽间再次……柱距从中部向两边逐渐减小，这是中国特殊的柱式形象。

（四）立柱的装饰

中国建筑的立柱形象总的来说是偏于素朴的，但这不等于立柱不加装饰，单是柱头的装饰，就多种多样。立柱的装饰，其绚烂程度从皇家、官宦到平民的建筑呈递减现象。宗教建筑的立柱也很有特色，如河南济源阳台宫大殿石柱就精雕细刻、气势不凡。

1.楹联

在一些文化类、纪念类、宗教类与园林类建筑的立柱上，装饰的主要方式之一是楹联。楹联是集书法、雕刻、诗词、建筑与园林艺术于一体的立柱装饰艺术。

2.雕花

古代建筑中常见的柱子装饰是雕花，雕花可以使柱子增加艺术性，同时达到加固柱子的作用。

3.彩绘

寺庙、宫殿等建筑的柱子上一般有彩绘，彩绘可以使建筑更加美观大气。

二、斗拱

斗拱是中国建筑所特有的支承构件，在现存一些大型而重要的古建筑物上，几乎随处可见斗拱的身影。

斗拱，又称枓栱、斗科、铺作等，是中国古建筑特有的一种结构。在立柱顶、额枋和檐檩间或构架间，从枋上加的一层层探出成弓形的承重结构叫拱，拱与拱之间垫的方形木块叫斗，合称斗拱。

斗拱的结构错综复杂，是中国建筑文化中的一个重要角色。如果说中国的古典建筑是一簇美丽的鲜花，那么这斗拱就是它的花蕊。斗拱不但表现出一种结构上的形态美，还体现出四两拨千斤之妙。越是古老的斗拱，便越能体现这一妙处。

斗拱是“斗”和“拱”的复合名词，是在一根短短的扁方横木端部挖成“拱”状，在拱顶装上一个“斗”，便成了斗拱。斗拱组件有斗、拱、昂等。斗拱本身是由垂直和横向的小斗拱构件加上斜昂，一层一层作十字形叠交而成，形态纤丽，是一种在技术上非常先进的空间结构。

斗拱不但用于殿堂檐柱中心线的外槽，也用于内柱中心线的内槽。许多藻井四周的连续悬挑构件也都采用斗拱构造。

（一）斗拱的发展历程

中国古建筑的用材以木为主，在建筑发展中必须解决以木头为建筑材料而产生的各种问题，如木头怕雨淋，因此需要有一定尺寸的出檐。于是，斗拱出现了。目前，对斗拱的起源有几种说法：第一，斗拱是由井盖结构的交叉出头处变化而成；第二，斗拱的出现受中国古建筑所使用的木材性能影响；第三，斗拱的出现受中国古建筑的空间造型影响；第四，斗拱是由穿出柱外的挑梁变化而成的；等等。

斗拱的发展历程主要分为以下几个阶段：

1.第一阶段：西周至隋

这是斗拱从萌芽到基本成形的时期。这一阶段斗拱的结构机能主要表现在：承托作用，在木构架中，柱与梁、枋搭接时，柱顶搭接面是垂直木纹受压，梁、枋的搭接面是平行木纹受压；悬挑作用，木构架建筑的屋顶，当出檐较大时，檐下就需要有支撑悬挑的支点。

2.第二阶段：唐、宋至元

唐代时，斗拱已臻成熟。大量的文字与实物都可以看出，唐宋时期的斗拱，在结构、机能和造型艺术上都达到了近乎完美的地步，这主要表现在：斗拱的承托、悬挑功能已臻完善；斗拱的形制已经完备，形成了规范化的斗拱系列；斗拱已从孤立的节点托架连接成整体的水平框架。

辽金的建筑就实物而言，在斗拱的尺寸上沿袭了唐风。

宋朝，斗拱有了很大的变化，变得极为复杂与精美。为了建筑的外形美观，斗拱在尺寸上缩小了，数量上却增加了，在柱与柱之间还增加了补间铺作。建筑的屋身变高，屋顶变陡，中景不再充满斗拱，而是由屋顶、屋身根据合理比例构成。斗拱既是柱檐之间传递力的关节，也是檐下的一种点缀。宋代斗拱及建筑的秀美，均是一种实实在在，经得起考究、推敲的美。

元代起斗拱尺度渐小，真昂不多。

3.第三阶段：明清

到了明清，梁柱构架就更简单了，单体建筑日趋程式化，变得单调，斗拱亦不幸成为鸡肋。斗拱的结构功能随年代的推移而逐渐淡化，装饰功能逐步强化。它的比例被再次减小，补间铺作增至六七攒，排列更加从密。内檐各节点的斗拱也逐渐减少，梁身直接置于柱上或插入柱内。斗拱不再是结构之关键，而是柱檐之间奢侈的装饰品，失去了原有的地位和意义。例如，泉州承天寺的建筑为明清风格，斗拱尺度小，排列密集，造型精巧，色彩鲜亮明丽，往往绘有彩画，装饰性很强。

这一阶段斗拱的结构机能大大衰退了，主要表现为：外檐斗拱的悬挑功能明显退化；屋顶出檐的尺度显著缩小；殿身梁架节点简化；斗拱功能走向装饰化；斗拱高度程式化；斗拱自身走向了僵化、繁化、虚假化；等等。

（二）斗拱的分件

1.斗

斗为斗拱系统中承托翘、昂的方形木构件，其形如量米用的斗而得名。按斗所在位置及功能，各有不同的名称，有坐斗、散斗、平盘斗等。

2.拱

拱为矩形断面、似弓形短木条、水平安置的受剪受弯构件，用以承载建筑出跳荷载或缩短梁、枋等的净跨，是斗拱结构体系内的重要构件之一。拱在平面上与柱网轴线垂直、重合或平行，也有呈 45°或 60°角的。依其位置不同，拱有不同的名称，如正心拱、正心瓜拱、抄拱、人字拱、厢拱等。

3.昂

昂为斗拱前后中轴线上的斜置构件，断面为一寸。昂有上昂和下昂之分。下昂为顺着屋面坡度，自内向外、自上而下斜置的木构件，多用于外檐；上昂是昂头向上挑。昂向下伸出部分称昂嘴，昂后部为昂尾，用以固定昂身的木栓称为昂栓。

4.翘

在斗拱系统中，翘的形状与拱相似，但在纵向伸出并翘起，宋代称其为华拱或杪拱。翘有头翘、二翘、三翘之分。在角科中，位于 45°斜线上的翘称斜翘。由正面伸出到侧面的翘称为搭角闹翘。根据斗拱出踩的多少，翘可分为单翘、重翘和多翘。

5.耍头

在斗拱系统中，翘或昂之上与挑檐桁相交的拱材，称为耍头，出头部分一般雕成蚂蚱头形状，所以也称“蚂蚱头”。

6.撑头

撑头是斗拱系统中平行重叠安置在耍头之上并与耍头大小相同的构件。撑头与里外拽枋、正心枋成直角，其前端与挑檐枋相交。

斗拱的“斗”和“拱”，在形状和结构上具有鲜明的特征，是人们欣赏的主要对象之一。从结构学来讲，斗拱悬臂承挑上少负荷，用以挑檐甚至可使出檐达 400 厘米以上。在室内，斗拱可以缩短梁枋的跨度，同时可以分散所承受构件节点处的剪力。就建筑学来讲，经过造型和色彩上美化加工的斗拱，富于装饰性。在封建时代，斗拱还是统治阶级的一种象征。在中国古建筑中，只有宫殿、寺庙和其他一些高级建筑才能在立柱与内外檐的枋上安装斗拱。

斗拱作为中国古建筑的悬挑构件，不但用于外檐，而且用于内檐。大体而言，斗拱一般总是出现在檐部、楼层平座与天花藻井等处。

斗拱是中国古建筑中最具魅力却又最为深奥的部分。它以极为简单又极其标准化的构件，组成了许多种类，承担起中国建筑中出檐悬挑、装点檐下、显示等级等功能。

三、雀替

雀替是中国建筑中安置于梁或阑额与柱交接处承托梁枋的特殊木构件，可以缩短梁枋的净跨距离，也用在柱间的挂落下，或为纯装饰性构件。

雀替通常被置于建筑的横材（梁、枋）与竖材（柱）相交处，作用是缩短梁枋的净跨度，从而增强梁枋的荷载力，减少梁与柱相接处的向下剪力。雀替的制作材料由该建筑所用的主要建材所决定，如木建筑上用木雀替，石建筑上用石雀替。雀替的制式成熟较晚，虽于北魏期间已具雏形，但直至明代才被广为应用，至清时成为一种风格独特的构件。雀替的形好似双翼附于柱头两侧，而轮廓曲线及其上油漆雕刻极富装饰趣味，为结构与美学相结合的产物。明清以来，雀替的雕刻装饰效果日渐突出，有龙、凤、仙鹤、花鸟、花篮、金蟾等形式，雕法则有圆雕、浮雕、透雕。

雀替的雕饰不仅逐渐增多，并且越来越精美，到了清代时尤为丰富多彩而精致，几乎可以说雀替由此逐渐变成了建筑上一种纯粹装饰性构件。明代以前的雀替，可以说是没有雕饰的，即使有一些装饰也只是彩画；从明代起开始雕刻云纹、卷草纹等；清代中期以后，有些雀替还雕刻有龙、禽之类的动物纹，非常精彩。

雀替在南北朝的建筑上出现，并在以后千余年里变化出多种样式。

第一，大雀替。大雀替主要由大块整木制成，上部宽，逐步向下收分后，在底部还加一个大斗，然后再整体地放置于柱头上。大雀替在中国历史上最早见于北魏时期，在以后的各代中除藏传佛教建筑外，一般不用这类雀替。

第二，小雀替。此类雀替主要用于室内，因体积小，本身造型没有太多时代性变化。

第三，骑马雀替。当二柱距离较近，并在梁柱交接处还要用雀替时，两个雀替因距离过近会产生相碰连接的现象，骑马雀替就此形成。骑马雀替的装饰意义远大于实用意义。

第四，龙门雀替。此类雀替专用于牌楼上，造型格外华丽。

第五，花牙子。花牙子，又称挂落，纯粹起装饰作用。花牙子虽毫无力学上的使用价值，但变化万千，所以常用于园林建筑的梁枋下，以增加园林建筑的观赏性。

四、门

门是居住建筑中不可或缺的重要组成部分，也是防卫安全设施和界定内外空间的重要工具。

“门”是汉语通用规范一级汉字，此字始见于商代甲骨文及商代金文，其古字像两扇大门。门本义指房屋两扇的外门，与作内门的户相对。门是人出入房屋的必经之处，又引申为途径。门通常建于居家的房屋中，由此引申为门第、家门，又引申为不同的派别、类别，特指宗教、学术方面不同的集团、派别。

（一）门的类型

在古代，什么样的大门、用什么样的料，以及门的尺寸等，都有严格的等级区分。门主要有以下几种：

1.宫门

宫门是宫殿建筑群的开合机关。例如，故宫四周有围墙，形成一个独立的空间环境，城墙四面各设一门，午门在南，神武门居北，东华门守东，西华门处西；故宫内也一样，不同的院落有不同的门，不同的门有不同的装饰和不同的陪衬建筑。

2.城门

城门指城楼下的通道，是“城”的标志，城门与城楼雄伟壮丽的外观显示着城池的威严和民族的风采。

城门是一座城市的标志性建筑，是城市格局的重要组成部分。隋唐时期的都城是一个封闭的空间，实行严格的封闭管理制度。城门作为沟通内外空间和防御的节点，在城市的管理和使用中具有重要的地位。

第一，城门作为都城出入的通道在城市交通功能中占有重要位置，也对都城的格局产生着重要影响。城门和与之相通的街道，以及其他纵横交错的街道将都城分为整齐划一的棋盘式里坊格局，构成了整个都城四通八达的路网，沟通了都城的内部空间。

第二，城门具有防御功能。城门和城墙构成了都城外围的空间结构，对外部起到了防御作用。例如，考古发掘资料和文献记载均表明唐朝东都（洛阳）城的郭城仅有短垣，起不到很强的防御作用，而是将宫城的防御重点放在了洛河、皇城、拱卫宫城的诸小城和东城，特别是东城高大的城墙和坚固的宣仁门起到了重要的防御作用。

第三，城门还具有重要的政治礼仪功能。诸多重大政治和礼仪活动往往在城门举行，如诏告、登基、大赦、献俘、酺宴等，使城门成为国家的大型政治礼仪中心。唐高宗曾在则天门（即应天门）受百济俘，在唐代受百济俘是国家重大的政治活动。武则天时期的登基大典和改元大赦也在应天门举行，可见宫城正门在国家政治生活中的地位。开元二十三年（735 年），唐玄宗还曾在五凤楼举行大型宴会，宫城正门还成了国家的大型宴会中心。

中国古代城市的城门，在周代已趋成熟，但各朝、各地区的城门分布及建制往往有所不同。以北京为例，北京古城的平面，分为内（北）、外（南）城两部分，内城一共设立了九座城门，各城门的方位分布与功能用途不同。东城墙设两门：现称朝阳门为“粮”门，过去城中所用粮食均由此门运入；东直门则为“营造”门，内城建筑所需土木材料均由此门进入。西城墙设阜成门与西直门：前者供运送煤、柴草与炭火，出于实用方便考虑，门头沟有煤矿，从西部之阜成门运入，比较经济、合理；后者为“水”门，皇室所需的泉水，从著名的玉泉山经此门运来。南城墙设正阳门、宣武门和崇文门：正阳门处于全城中轴线上，为“龙”门，是专供帝王出入的；西侧宣武门为“法”门，犯人解押、发配到流放地或上刑场，均由此门经过；东侧崇文门为税务门，进贡纳赋者及其财物，由此门而入。北城墙的德胜门与安定门也有不同分工：德胜门为出兵门，出征打仗必走此门；安定门为进兵门，实际上是凯旋门，打仗归来必经此门。前者象征以“德”取“胜”，王师仁义；后者象征班师回朝，天下安定。

3.院门

无论是四合院，还是三合院，都有一个主要入口，这便是具有一定代表性的院门，这院门可以说是普通民居文化的一个标志。例如，北京四合院的大门——垂花门。垂花门是四合院装饰最为讲究的一道门，在二、三进四合院中，它是作为二门的身份出现的。垂花门的形制多种多样，总的造型特征是台阶踏步颇高，前檐悬臂出挑，这种姿态，似有亲切的迎客邀宠之趣。有的门梁与门柱之间有雀替，设左右两个垂柱，常以镂空木架为饰，并于梁坊之际铺陈彩绘、雕饰，艺术手法与风格颇为精雅。面向内院的另一面可设屏风门四扇，上面刻有书法艺术，以“福、禄、寿”之类字样为多见，这是趋吉避凶求新心理的表现。

4.山门

山门是中国佛教寺庙这一建筑群体的大门，是整座寺院空间序列的起始。它在建造观念上，相当于民居的院门或整座古城的主要城门。一般中国寺院大门，在一座门之上，往往设一字形并立的三个门洞，中间一门洞尺度最大，两侧各一门洞尺度较小，对中间大门洞起烘托作用。

5.墓门

顾名思义，所谓墓门，就是陵墓的门户。一些帝王陵墓，为防盗掘，常设多重墓门，以石为材，非常沉重。墓门密闭性能极佳，有的不能开启，暗设机关，一旦建成，不易打开。这是专门保护墓穴、残骸及所葬文物的实用功能。广义的墓门，还可以包括地面上陵寝建筑的门。

6.园林建筑之门

中国造门之制，自唐宋至明清，在基本观念及方法上几无变化，门的安装，下面用门枕，上用连楹，以安门轴。从古至今，中国建筑门制的发展比较平和，具有渐变的色彩。中国古建筑中的门，在宏观上大致稳定、一脉相承，而在微观上却十分丰富。

门洞是在分隔空间的墙体上，根据通道的需要开设随墙的门，一般不设门扇。其在园林中最为常见，形式多种多样。门洞边框用料为砖或石，在边框上常见装饰性极强的雕刻花纹。门洞在园林中还起到框景、借景等作用。以苏州园林为例，它的门洞样式多种多样，其立面造型有圆、横长方、直长方、正八角、长六角、长八角、海棠、桃、葫芦、秋叶、汉瓶与梅花等形状。

7.隔扇门

隔扇门是中国传统建筑中的装饰构件之一，从民居到皇家宫殿都可以看到，是古建筑中不可或缺的东西。作为古建筑最常用的门扇形式，唐代时这种门已经出现，宋代以后大量采用，一般用于民间的装修，整排使用。

隔扇门是安装在古建筑金柱或檐柱间带格心的门，也称格门、格扇门。隔扇门根据开间或进深的大小和需要可由四扇、六扇、八扇组成。每片隔扇门有外边框，门芯上段为心屉，中段为绦环板，下段为裙板。裙板与其上部隔心比例，大约为4∶6，但现存隔扇门中的隔心与裙板的比例，多与此制不符。明清时期的裙板表面，多雕刻或彩绘如意纹、团龙、套环、寿字等纹样，宫殿建筑则附贴金彩画。心屉的边廷内用木棂条组合成步步锦、龟背纹及各种植物图案。一般隔扇门均为活扇，可根据需要关门或全部卸下，以变换和组合空间。

（二）门的装饰

门在中国传统建筑中占有举足轻重的位置。从功能上来说，门一方面可保护居室宅院，避免与外部空间的直接接触，保护家宅平安；另一方面，门又是人们进出来往，连接内外空间的必经之所在。门是建筑的脸面，各种规格、等级的门，是不同身份、地位、阶级的象征。因此，古往今来，对于门的装饰，除了满足门的实用功能性要求和加强美观效果，更多的是赋予其象征性的文化寓意。大门是城垣、院落以及宫殿、寺庙、官署等大型建筑的主要出入口，因此附加的构件及装饰比较复杂，在满足其功能要求的前提下，还具有很强的象征意义。

1.门楣

门楣指门户上的横木，也指大门上部到屋檐以下的部位，是装饰的重点。古代达官贵人讲究门楣高大，往往用大面积的砖雕作为装饰，如花卉、人物、动物等，也有用彩画装饰的，极尽奢华。而简单的门楣低矮，无任何装饰，直接被屋檐覆盖。古人称“光耀门楣”，以门楣比喻门第。门楣装饰的繁简，也表明了房主身份和地位的高低。

2.门簪

门簪是头大尾小的木楔，是用来固定中槛与连楹的木构件，又称“门龙”。中国古代仕女梳头打扮，青丝高髻，发上还往往要簪鲜花、金钗。于是，中国古代人民打扮宅院的门脸，也用“簪”——大门上槛凸出的门簪。门簪是将安装门扇上轴所用的连楹固定在上槛的构件。这种大门上方的出头，略似妇女头上的发簪，少则两枚，通常四枚，或更多，具有装饰效果，成为旧时大门的常见构件。许多民居大门上门簪的设置，只为美观，并无结构功用。门簪的横断面为圆形、方形、六角形或八角形，上做装饰，有素面涂饰颜色的，也有雕花贴金的。门簪的色彩大多与门扇形成鲜明对比，装饰效果醒目突出。门簪上的花纹有荷花、菊花、梅花、牡丹花等；也有以吉祥祝词文字作装饰的，如吉祥、如意、平安吉庆等。一个门上有一个、两个或四个门簪不等，因为门的等级不同，门簪数目也不同。

3.门铁

门铁是铆固在两扇大门下部的两块护门铁，可以保护大门不受损坏。为了美观，其外轮廓常做成各种造型。门铁常见的造型有：葫芦形，象征驱邪避祸；如意形，象征吉祥如意；宝瓶形，象征出入平安。

4.门钹

门钹，清式名称，由铁或铜所制，装饰在大门的左右各一个，成对称位置，其形状类似传统民乐中的“钹”，称为“门钹”，也似防雨戴的草帽，所以也有人称之为扣在门上的“铁草帽”，也有人称作门环。门钹是固定在大门门扇外面的一对金属构件，外部多六角形，内部圆形，中间挂门环，便于拉门。有的门钹做成兽面形，是古代门户的辟邪之物——铺首的形象。汉代就已将铺首作为门饰。传说铺首形象由螺蛳演变而来，由于螺壳严密，取其寓意，用在门户，有守御之意。也有一种说法认为门上兽面为“龙生九子”中的“椒图”。宫殿、官府、庙堂的大门上，铺首兽面以威严不可侵犯的形象守卫着门户；平民百姓的门扇上，则以样式简洁、带有吉祥符号装饰的门钹寄托家宅平安的美好希冀。

5.抱鼓石

抱鼓石是中国传统民居的门第符号，一般位于传统四合院大门底部宅门的入口，形似圆鼓，属于门枕石的一种。因为它有一个犹如抱鼓的形态承托于石座之上，故得此名。抱鼓石后端为方形，枕于大门门框侧下，前端为圆鼓状，上有精美的雕饰，在平衡大门重量的同时也成为门面的装饰物。封建社会只有有功名者家门前才可立抱鼓石，因此也是等级的象征。抱鼓石下部为须弥座，中间为鼓形，上部雕狮子。狮子形态生动，或伏或卧或蹲于鼓上。鼓面上亦有浮雕装饰，分鼓钉、金边、中心花饰几部分，花纹有牡丹花、菊花、宝相花、梅花、莲花、云纹、麒麟、鹿等。

6.门墩

门墩，又称门座、门台，是用于传统建筑的大门底部，起到支撑门框、门轴作用的一个构件，多为石制，但也有木制的。门墩是门枕石的门外部分。门枕石的中间有一个用于支撑门框的槽，门内部分有一海窝用于插入门纂（门轴的下端），与固定在中槛上的连楹一起起到固定门轴、便于门开关的作用。中国的门墩常见于四合院建筑，是门楼中比较有特色的一个组成部件，门礅上通常雕刻一些中国传统的吉祥图案，因此是了解中国传统文化的石刻艺术品。北京的门礅主要以箱形和抱鼓形居多，此外还有狮子形、多角柱形、水瓶形门礅。门墩通常由须弥座，抱鼓或方箱，以及兽吻或狮子（有说是狻猊）几部分构成。根据门楼的形制不同，门墩的形制也有差异。

方形并精雕细刻的门墩，又称为方鼓，是虽无功名但家境富庶的人家门前常用的装饰。

7.拴马桩

拴马桩是立于门前供系马匹缰绳用的长条形石件，顶端雕刻人物、动物等形象，有些雕刻神态生动，具有强烈的艺术感染力。

此外，宫殿、寺庙、官府、富贵人家的宅院大门前常摆放一对石狮，有佑护宅院平安之意，也显示了建筑的尊贵。狮子造型多样，装饰或繁或简，但都突出表现了威猛雄壮的特征。

有些地方的民居建筑大门部分还有一些独特的装饰物。在广东潮汕地区，大门两侧靠近门柱的地方往往浮塑一对香炉，香炉的造型做成花果形象，如象征多子的石榴，象征长寿的桃，象征有福的佛手等。香炉往往施以鲜明的彩绘，在大门两侧显得异常夺目，颇具乡土气息。这种门侧供香的风俗源于周代“五祀”中的“门祀”。

五、窗

窗，在中国建筑文化中显得相当活跃。它不仅是中国建筑的采光通道与通风口，而且是组织空间、塑造建筑立面形象的重要手段。在园林建筑中，各式花窗，千姿百态，起到组景、对景、借景的重大作用。杜甫有诗云："窗含西岭千秋雪，门泊东吴万里船。"窗是一种颇具文化意蕴与审美价值的建筑构件。

（一）窗的发展历程

在原始社会，社会生产力低下，原始人一般寻找天然洞穴而居，或在树上巢居。随着文明的萌芽，原始人开始学会使用一些简单的工具，如石块、树枝、泥土等，人工修筑蜂巢屋（石块砌成，密集似蜂巢）、树枝棚（用树枝搭建，穹窿状，外面抹泥土）等。

受条件限制，原始人的屋顶（顶盖）一侧留有缺口，方便上下出入，该处缺口具备门与窗的双重作用。

后来，半穴式建筑演变至地面建筑，原始盖顶上的"门窗"，逐渐形成固定于屋顶的通风口，用于排烟透气和采光，作为"窗"单独存在，称为"囱"。

"囱"虽能保证采光通风，碰上雨雪天气却易被雨水侵入。为解决这一问题，古人将屋顶改造成双坡屋（类似以前的瓦片房顶，房脊中间突起，两侧倾斜），很好地解决了排雨水的难题。而此时的"囱"，转移至房山尖上，该种结构又称为"牖"。囱和牖的区别是：前者置于屋顶，演变成天窗或烟囱；后者则置于墙上，演变成窗户。

拆解"窗"字，字形的上部分是"穴"，下部分是"囱"，正是从此段建筑史由来。

随着文明的进步，人类的生存条件亦逐渐改善，为了营造更好的居住环境，"牖"在面积上被修改得更大，数量更多，"窗"正式诞生。

到了汉代，窗的形态已十分完善，多安在墙内，有些则在墙外。披棂窗，也可称“交窗”，是一种风窗的形式。窗的形状一般是长方形和圆形，窗棂式样一般以斜方格为主，窗饰则多设在门一侧或两侧。还有些门上设有部分横窗，这也是横披窗、闪电窗的前身。

南北朝时期，多为直棂窗，此时窗上挂有帘子。直棂窗在唐朝更是盛行，且窗的面积随房屋空间的加大而加大，同时增加了开合功能，还有复杂的窗饰花纹出现。宋辽金时期，直棂窗仍常见，但宋代手工业发达，使得窗户的造型更为丰富，花样也更多，木构架建筑的进一步发展，让隔窗、长窗等结构被大量运用，窗户步入成熟期。

明清时期，槛窗和支摘窗成为园林主流。一些支摘窗上有画面装饰，如山水、花卉、鸟兽鱼虫、人物故事等。

明清的园林空前发展，同时促进窗户形式更加多样，如扇面、梅花、六角、方、石榴、寿桃等，活泼精美的各色窗户，每一道花纹，都极具匠心。

（二）窗的类型

宋代的《营造法式》将门窗归纳在外檐装修的部分，本来简陋的板门洞窗一路演变成为精巧的专门制作的门窗，可见当时对门窗装饰的重视。由于窗在园林和民居建筑中起着隔断和装饰空间的作用，因此有人说窗是园林和民居的“眼睛”。窗的造型特征不但直接影响着传统建筑外立面的装饰风格，且对室内装饰情调与氛围的营造也有一定影响。

伊东忠太在《中国建筑史》中写道：“世界无论何国，装修变化之多，未有如中国建筑者。兹试举二三例于下：先就窗言之，第一为窗之外形，其格式殆不可数计。日本之窗，普通为方形，至圆形与花形则甚少。欧罗巴亦为方形，不过有圆头或尖头等少数种类耳。而中国有不能想象之变化。方形之外，有圆形、椭圆形、木瓜形、花形、扇形、瓢形、重松盖形、心脏形、横披形、多角形、壶形等。……窗中之棂，亦有无数变化。日本不过于普通方形之纵横格外，加数种斜线而已。棂孔之种类，恐亦只十数种。然中国除日本所有外更有无数变化。就中刚字系、多角形系、花形系、冰纹系、文字系、雕刻系等最多。余曾搜集中国窗之格棂种类观之，仅一小地方，旅行一二月，已得三百以上之种类。若调查全中国，其数当达数千矣”。

一般门窗往往成双成对，少数也有单门或单窗，多时一组门窗有数十对，可形成完整的装饰。经过雕刻的门窗还可以嵌入无色或有色的透明玻璃，既可以避风透亮，又能审美怡情，其实用性与艺术性的完美结合不言而喻。窗户的种类很多，其中常见的是隔扇，主要形式是槛窗，窗扇不落地。下面砌槛墙的称为槛窗，也叫半窗。槛窗的制作类同于隔扇门，只是下有槛墙，没有裙板；设有上下夹堂和扇心，夹堂上有题材多样的雕刻，形式精巧；扇心是棂条组合成的各种式样的花纹。

下面对常见窗户类型分别进行介绍。

我国传统建筑的单座窗式样十分多样。按几何整体造型，可分为圆形窗和长方形窗。在同一种形象内又有各式各样的分割和不同的装饰，构成房屋窗的系列。

圆形窗往往在厅堂后墙左右开间的墙上，外形四方，里面再套一扇圆形窗，窗上满布木格纹，格间嵌以蝙蝠团花等木雕。在圆窗中心，有的用龙纹等图案分别组成福禄二字，表达了主人的愿望。

长方形窗内部的分割式样很多，有的整扇全是格纹，有的上、下分为两段。人们往往将窗的下部做成实心木板，木板上有木雕装饰，由于其高度正好与人的视线持平，所以往往这部分的木雕都很细致；窗的上半部为可以开启的窗扇，室内通过这部分采光与通风，所以窗扇上的条纹较稀疏。

有的长方形窗户则分为中心部分与四周有边框相围的部分。中心部分占主要面积，用作采光与通风，通常有两种做法：一是左右有两扇可以开启的窗扇，上面有不同的条纹装饰；二是中心部分是一块固定不可开启的花板，上面用各式花形纹装饰，而在它的里面另有两扇可以开启的实木板窗。外面的花格板实际上是木板窗扇外的一层装饰。窗户的四周边框可窄可宽，用实心木板，上面有木雕装饰。

根据窗的实用性和外观造型其还可分为以下几类：

1.版棂窗

版棂窗是古代六朝外檐装修中一种较为特别的窗，因版棂两旁各开一门形似烛台，也称烛台窗。版棂窗的装饰像窗又像栅栏，也作墙壁的用途。版棂窗的造型挺拔，带有唐代建筑装饰的恢宏之气，深得大众喜爱。

2.直棂窗

在古代建筑中，直棂窗和版棂窗结构一样。直棂窗是继烛台窗后的进一步发展，在造型上略有简化。棂子也稍有不同，有直棂与破子棂之分，直棂窗的棂条断面为方形，而破子棂窗的棂条断面为三角形。

直棂窗是一种固定的，不能开启的直窗棂窗户，唐宋以前为人们广泛使用，其后逐渐为槛窗所替代。由于直棂窗具有空间序列感强、造型简洁等优势，相对其他窗来说适用范围较广。

3.落地明罩

落地明罩又称漏明窗，是一种造型简洁的网纹长窗，主要用于民居装饰，其实物形式没有留存，只是在宋代山水画中略有些记载。如宋画中的漏明窗带有方格状的木网纹窗棂，依据建筑开间的大小进行装饰。

4.一码三箭

一码三箭是一种尤为特别的窗式样，是直棂窗的进一步发展。该窗棂条匀细而长，似长箭且在纵棂的上中下三段各施有三根横棂，其反映的图案形象似箭插在箭囊上，故称“一码三箭”，也称“码三箭”。在我国古代无论是寺庙建筑还是民居建筑的装饰中，“码三箭”都被广泛采用。

“一码三箭”具有丰富的文化内涵表现力与象征意义，且造型简洁美观、朴素大方。

5.隔扇长窗

隔扇长窗是我国古代传统建筑装饰中运用最为广泛的一种基本窗饰类型，主要由外框、隔扇心、裙板及绦环板四部分组成。隔扇长窗是根据传统建筑装饰中窗饰的长度及裙板的有无，相对于漏窗与槛窗等各类窗饰形态进行分类的。

我国古代建筑装饰技艺精湛，运用于建筑外立面装饰的隔扇式样十分丰富，除了棂纹有变化外，其窗饰形制也略有差异，开间的数量、抹头的多少等都是影响其造型的关键，如苏州网师园中的隔扇就是三开间五抹的冰裂长窗。

隔扇长窗因其传统装饰艺术的特征鲜明，且传统文化底蕴浓厚，被当代追求传统风格的室内装饰广泛选用。

6.栏槛钩窗

栏槛钩窗是我国宋代建筑庭院及廊间装饰中采用的一类窗饰，该窗下设槛栏，上设槛窗，主要为方便人们凭栏而坐观景休息。另一种地坪窗也归属这一类，用于大厅次间廊柱之间，其式样构造与长窗相似，其长仅及长窗中央堂下之横头料底至窗顶。

栏槛钩窗的功能较为明确，其装饰也因此受到相应限制，在当代室内装饰中运用此窗进行装饰的创作实例也时有出现。

7.槛窗

槛窗又称坎窗，装在殿堂门左右的槛墙上，和隔扇窗的形式十分相近，不同的是它只有顶板、花心和腰板，而无裙板、脚板。槛窗做法同隔扇窗，但没有裙板。槛窗的使用一般在宫殿、庙宇等重要建筑物上，此外在园林的“栏槛钩窗”也用槛窗。

槛窗分有三抹头、四抹头。边框及槛窗花心棂条的断面尺寸均同隔扇窗，但如用于“栏槛钩窗”之上则花心式样是多样的，有套方、冰裂纹、龟背锦、雕刻等纹样。

槛窗的三抹头做法是将绦环使用在下边与隔扇窗中绦环同一尺寸高的位

置。四抹头绦环用在槛窗上，下与隔扇的上中绦环平。槛窗在我国当代室内装饰中的艺术表现形式极为丰富。作为隔断来装饰室内的槛窗比起隔扇窗来，因要固定在槛墙上不能移动，只能在硬质装饰中使用。

8.横披窗

当建筑较高大时，可在门窗上再设槛，上设横披，一来解决采光问题，二来便于开启，三来也使得各部分比例匀称、自然美观。

横披窗多用于住宅的窗门上方，与窗门用横枋隔开，属气窗性质，宜采光通风。凡置有四扇移窗的上方，一般配有横披窗。横披窗因横阔直狭，故棂条图案设计多与幅面相吻合，多数扇面图案居中；用材多数为细腻的名贵硬木雕拼，工艺特别讲究，制作很精细。横披窗用在檐下，早在汉代已有，普遍用于民间的是地方性的方格窗和当地的吉祥如意窗。

例如陕北窑洞及山西平遥合院，其正房做窑洞式，同样做一个大花窗，大花为樱桃、双钱、麒麟钱等，每家如此，窑洞装饰主要是古钱等各种纹饰。

9.支摘窗

支窗是可以支撑的窗，摘窗是可以摘卸的窗，合称“支摘窗”。支摘窗在古代建筑装饰中一般用在殿堂的次间、梢间前后檐，以及庭馆与民宅的房间。清代的支摘窗也用于槛墙上，上部为支窗，下部为摘窗，二者面积大约相等。南方建筑因夏季需要多通风，故支窗面积大于摘窗。支摘窗窗心花样繁多，特别是民间的支摘窗的花样有“寿”字、“福”字、“禄”字和“万年青”等纹样。一个开间分做上下左右共四扇窗，又分里外双层，上扇为支，下扇为摘。上支扇糊纸，里扇糊冷布或钉纱；下摘扇有糊纸的，有做薄板的，里扇为大玻璃（大玻璃分为有大玻璃框带仔边的、夹杆条夹玻璃的等），还有其他的，但上下扇窗心一般都采用步步锦。支窗的里扇一般做纱篦子扇，即四方格式的心条。

支摘窗的边框断面尺寸的比例依柱径而定。如窗扇的看面边为柱径的 0.224 定边的看面，以柱径的 0.133 定边的进深面，但也要灵活对待。例如，民间小式柱径不一定按比例即法式数，而是根据实际房间的大小来定。仔边计算方法同隔扇。

还有一种叫和合窗，是用两根立枋将一开间分成三等份，每份上下又分成三扇短形窗。上扇、下扇固定，上扇、中扇之间用铰链相连，中扇可以由底边向外推开。和合窗下装栏杆，再钉裙板，栏杆花纹朝内。上下两扇的和合窗，也属于支摘窗。

10.什锦窗（漏窗）

开在墙上的各式窗洞口称为什锦窗，园林建筑中的漏窗是镶有根纹的什锦窗，因此漏窗也可归为什锦窗一类。古建筑中，漏窗的形式最为丰富，装饰意味也尤其浓厚。在传统建筑装饰中，什锦窗多出现在园林建筑、宫苑建筑以及民居的墙面装饰中。一般这样认为：北方园林的什锦窗以外形取胜，常以砖雕窗套强化其装饰性；江南园林的漏窗讲求通透，常以镂空的砖雕装饰心屉，装饰与通透兼而有之。

在江苏苏州和浙江杭州一带集中有一批明清时期留存下来的文人园林，这类园林反映了中国古代文人墨客的人生志趣与美学追求，他们讲究：园林环境虽为人造，但有自然山水之境；园地虽小却曲径通幽；山石、植物、亭台楼阁皆可成景，使人游其中步移景异。为了充分展示园林景观，不仅要求人在山石之上、临水之畔或是廊亭之中能够观景，而且要求人在居室内也能赏到景观，这样就产生了园林建筑所特有的房屋或墙上的门洞和空窗、漏窗。

门洞是指开在院墙或房屋上不设门扇的门，也叫门空，空窗、漏窗是设在院墙或房屋墙上没有窗扇的窗。这些门窗除了可以通行、采光和通气，还具有观赏景致的功能，所以古人常将窗帘卷起，欣赏窗外的桃红柳绿、芭蕉翠竹、瘦石屹立。这就要求这些门窗一要设置在有佳景可观的适宜位置，二要“门窗磨空，制式时裁”（《园冶》），即用磨制得很细的砖精心地制成门窗的边框并采用时尚的形式，因为在这里，门窗实际上成了佳景的画框。

在我国传统建筑装饰中，漏窗不受空间尺度、装饰部位以及材料工艺等外部条件的限制，因此装饰适用范围极其广泛，装饰手法也灵活多样。

漏窗主要以砖、石等材料雕饰窗套、窗心，以强化其装饰性，又称为“石窗”“石花窗”“石漏窗”。“石窗”是我国古代建筑的组成部分，多见于湖北、江西、安徽、江苏、浙江、福建等地，主要流行于我国江南地区。石窗历史悠远，起源于先秦，但现存的石窗大都为清代时期作品，有的已有三四百年的历史。

由于材质不同，石窗与木窗在实用功能上也有所不同。除了可装饰在园林、寺庙、会馆等一些公共建筑上，在浙、闽沿海地区民居中，石窗一般都是以单体镶嵌于厨房、储藏宅第、辅助房间作为气窗。这种设计与南方多雨、潮湿有关，石质材料比木材有更好的防湿耐腐性能。此外，石窗也是一种融艺术性与实用性为一体的石雕工艺品。石窗造型多姿多彩，或粗犷大方，或细腻动人，或简或繁，或疏或密，或长或宽，或方或圆，灵活多样，在功能性与审美性上达到完美和谐。

人住在四合围墙与由上屋顶、下地坪所构成的封闭空间之内，自然是比较安全的，但人又必须在围墙之内实现与自然界的情感交流，于是便发明了窗。虽然窗具有一定的通风、采光作用，但这不是人们在墙上开窗的全部原因。窗的设置，表达了人类对自然的依恋与回归。人站在旷野之中欣赏自然之美，与站在室内通过窗户眺望外界景观，感受是不尽相同的。窗户，是一种人工对大自然和空间的剪裁，它使人对自然景观的欣赏显得更艺术，更有选择，具有天人合一的另一番妙趣。

六、铺地

在游览中国古建筑时，人们对铺地也许不像对屋顶、屋身、斗拱甚至台基那样印象深刻，这是因为铺地处于建筑下部。但这不等于说铺地无关紧要，它是中国建筑及其文化的有机构成。无论在室内，还是在室外，铺地往往具有独特的魅力。

（一）铺地的概念

中国古建筑中的铺地实际上就是人们通常所说的建筑的地坪，是附着、铺展于地面之上的一种建筑方式。铺地一般是平展于地面，毫不掩藏，它在中国建筑文化系列中别具一格。

当人类最原始的一座茅屋建造起来以后，人在室内的居住活动，势必会把室内的地面踩得严实、光滑起来，大概这给了原始先民一个灵感，即一个坚实、平整的地坪是实用的。

远古之时，居住在中华大地上的古人就曾对全穴居或半穴居的穴底用火烧烤，以使其坚硬，开始也许是无意识的，不过是用火煮食的结果。继而人们渐渐领悟到，经火烧烤后的室内地面不仅土质变硬，而且由于渗水性能差，不易“泛潮”，这对改善居住条件是有利的。这种烧烤地面之法，可以看作中国远古铺地文化的缘起。

（二）铺地的类型

1.以材料分

（1）石灰三合土铺地

石灰三合土铺地，做法简单，就是以石灰、沙子与鹅卵石三种材料搅拌铺放夯实。

（2）砖铺地

砖铺地，即以各种规格、材质的砖为材料，在建筑地面上铺出各种图案与纹样。砖铺地的做法是，在地面上先虚铺灰土一层，厚度约为 7 寸，压实后为 5 寸，根据建筑物品类的区别，运用等级不同的砖块，铺出不同的砖铺地。各种砖如长砖、方砖与金砖等，可用于不同的地面。

（3）其他材料的铺地

除石灰三合土铺地和砖铺地外，从材料来看，还有石板铺地和木板铺地。

2.从场合与环境分

（1）室内铺地

室内铺地是一种将自然地面用砖等材料全部遮盖起来以建造居住平面的建造方式。室内铺地多以方砖或长砖平铺，侧放者极少见。这种铺地，称为地砖式。

（2）室外铺地

室外铺地是室内铺地的延伸，但工艺要求等与室内有所不同。室外铺地按位置、方式的不同，可分散水、甬铺与海墁。

所谓散水，位置在屋檐（前后檐）、山墙、台基的下方、旁侧。这里的铺地是接受檐水的器具，里高外低，但外口不应低于室外地坪，以便散水。当然，有些散水以石为材，这是砖铺地的变形。

所谓甬铺，又称甬路，指建筑庭院的主要交通线，往往方砖铺墁，甬路砖趟力求奇数，按庭院之大小等决定甬铺的砖趟，逐次递增，为一、三、五、七、九趟。甬路平面为中部略高，两侧偏低，走向是由庭院交通方式与排水方向所决定的。甬路艺术化、园艺化，即成为雕花甬路，指其两旁的散水墁使用雕饰方砖或镶以瓦片，有的以砾石构铺各种图式，以求美观。

所谓海墁，即一定建筑环境中除铺甬路外，其余地方均以砖铺墁。所用一般为长砖，墁式一般为糙墁。

（3）中国古典园林建筑中的铺地

江南园林的铺地文化丰富多彩，以苏州园林为代表。一般园内厅堂、楼馆多铺方砖，走廊偶铺方砖，常以侧砖铺构多种几何图案；室外铺地样式更见丰富，在道路、庭院、山墙之下以及河岸之侧等，随处可见，所用材料除方砖、条砖外，还有条石、不规则的湖石、石板之类。在建造房舍、园林时，铺地总是最后一道工序，所用材料有时便是建筑废材。碎砖、碎瓦、废旧陶瓷片以及卵石等，可用于铺作地纹，其形式不胜枚举，色彩或素雅或绚丽，有植物纹样、动物纹样、几何纹样等。铺地是一种具有实用性功能的对建筑与园林地面的装修，能满足人们一定的物质和精神需求。

园林铺地往往构成美丽的景观。我们游赏园林之美时，无论在皇家园林，还是江南文人园林（私家园林）中，在兴致盎然地欣赏园林建筑之美的同时，千万不要忘记注视自己的脚下，这里是铺地的世界，是一道别具神韵的美的风景。

七、墙

（一）墙的概念

墙（或称壁、墙壁）在建筑学上是指一种垂直向的空间隔断结构，用来围合、分割或保护某一区域，是建筑设计中重要的元素之一。墙是中国建筑的围护结构，有外墙与内墙之分。

（二）墙的作用

1.围护作用

外墙起着抵御自然界中风霜雨雪的侵袭，防止太阳辐射、噪声的干扰，以及保温、隔热等作用，是建筑围护结构的主体。

2.分隔作用

外墙界定室内与室外空间；内墙是建筑水平划分空间的构件，它能把建筑内部划分为若干房间或使用空间。

（三）墙的做法

不同等级古建筑的墙体做法有不同的要求，墙体做法分为混水墙和清水墙。墙体的砌筑一般分里外两层，里层墙面称为“背里”，里外层中间的空隙填碎砖称为填馅或灌浆。

混水墙用砖不需要加工，室外抹灰根据建筑性质需要刷红浆、黄浆、月白灰浆或青浆。

清水墙砌筑的方法有干摆、丝缝、淌白和粗砌，其中干摆做法的要求高，粗砌的要求低。

干摆墙一般称为磨砖对缝，要求墙体表面平整无灰缝。干摆的做法是先将青砖五个面即看面和上、下面及两个丁头反复砍磨，称为“五扒皮”，将砖块按一顺一丁、三顺一丁、五顺一丁等方式摆，同时用小砖背面填馅、灌浆，最后打点、磨光，用水冲洗净墙面。

丝缝墙仍用五扒皮砖，但砍磨比干摆要求略为粗糙些，然后在砖外门挂浆灰，逐层灌白灰浆、抹麻刀灰，最后不用水冲墙面，而是用细砖蘸水磨平墙面，再用竹片做出深浅一致的细小灰缝。

淌白墙用砖只磨一个看面及一条直棱，然后用白灰泥浆砌筑，最后用青灰浆勾缝。

粗砌墙又称糙砌墙，用不加工的砖，以月白灰砌筑，灌浆后用瓦刀耕缝。

中国古建筑的墙的所用的材料主要是泥土。泥土可分生土与熟土两类。

生土者，未经烧制。所谓版筑，就是将具有一定湿度与黏度的生土按人的需要夯实为墙，这是一种古老的筑墙之材与筑墙之法。为求坚固，在生土之中可适当掺入小石头、植物纤维之类，如古长城的有些地段，版筑为墙，生土中掺以小石头与芦苇等。

熟土者，即经过窑烧制而成的砖，以砖垒砌为墙，或在墙表面涂以石灰之类，或其表面不作涂染，让砖砌结构暴露在外，成清水墙。

除了土墙，还有石墙。

（四）墙与文化

中国古建筑单体从来没有离开墙而存在，任何建筑单体都不同程度地受到墙的影响。纵览中国古代建筑史，不难发现，中国人对墙给予了极大关注，正是墙（而非建筑单体）构成了院（院墙）、城市（城墙），乃至国家（长城）。米歇尔•福柯（Michel Foucault）曾发出这样的感慨："我们想到中国，便是横陈在永恒天空下面一种沟渠堤坝的文明，我们看见它展开在整整一片大陆的表面，宽广而凝固，四周都是城墙。"中国古建筑的墙壁，也是文化的载体。

纵观人类建筑文化现象，一切的建筑墙体都具有围护作用，从这一点看，似乎看不出中国建筑的墙文化到底有什么特别之处。其实，墙壁之围合，是中国民族文化趋于向心、内敛与含蓄的文化心理的表现，而不仅仅是一种建筑结构问题。

中国古人热衷于长城、城墙与院墙之类的建造，除了追求其实用功能，还为了满足某种文化心理上的需要。对一个家族、一个诸侯之城来说，围墙之内，就是他们的家，一种以血缘维系的属于自己的世界。中国古人筑城，先规划城的范围，筑起城墙，再建宫殿之类的建筑物，是一种自外向内的文化构思。典型的北京四合院以房舍之外墙四边连构为院墙，除了东南隅仅设一门，再无门窗可言。

在中国民间，特别是江南的私家园林中，对墙的装饰显示出生活和生命的气息。如江南园林中的云墙，造型曲柔可人，墙上开有窗洞，云墙上还往往爬满藤蔓，让人感受到生命的气息。

第六章　中国古建筑装饰

第一节　古建筑及其装饰

建筑是一种造型艺术。建筑与绘画、雕塑等其他造型艺术的区别在于它具有物质和精神的双重功能。各种类型的建筑除了以它们的空间满足人们劳动、工作、生活、娱乐等多方面的需求，还以其形象供人们观赏，使人们从中获得视觉上的美感和心灵上的感悟。这就要求建筑的形象既具有外观形态上的实用性，又能表达出一定的思想。

对于建筑而言，这种表达是受限制的，因为建筑外部和内部空间的形体首先取决于实际功能的需要。建筑的形象必须在满足物质功能的前提下，应用合适的材料与结构方式组成基本的造型。绘画可以在画布上任意涂抹；雕塑则是对石料、木料、泥土进行雕琢，以此塑造具体的人物、动物、植物、器物的形象等；而建筑只能应用构件和材料的形象及环境表现出一种比较抽象的气氛，或宏伟或平和、或神秘或亲切、或肃穆或活泼、或喧闹或寂静等，但是这种气氛往往不足以表达建造者的全部意图，如文人宅院要求表现超凡脱俗的意境，佛寺和道观要求体现远离尘世的意味等。于是，人们往往通过建筑上的装饰来进一步强调自己的意图，可以说，建筑装饰是建筑表达其思想性和艺术性的重要手段。

建筑装饰就是以建筑主体结构为前提，为了完善建筑空间的物理性能和使用功能并美化建筑物，采用装饰材料或手法对建筑物的内外表面及空间进行的各种处理，包括把建筑上的构件加工为具有象征意义的形象，处理建筑的色彩，把绘画、雕塑安置在建筑上等方法。建筑装饰是建筑精神功能的重要表现手段，可以极大地增添建筑的艺术表现力，也是人们日常审美不可缺少的一部分。

一、建筑艺术与建筑装饰

建筑的起源与人类文明的进步密切相关，它代表了人与动物在居住形态上的本质区别。而建筑装饰艺术的产生，一般认为是在新旧石器时代交替的时候，与其他艺术文化的发生时期相近。当然，石器时代的建筑装饰艺术是十分简陋和粗糙的，这与当时的社会生产力低下相关。

马克思曾说："蜜蜂建筑蜂房的本领使人间的许多建筑师感到惭愧。但是，最蹩脚的建筑师从一开始就比最灵巧的蜜蜂高明的地方，是他在用蜂蜡建筑蜂房以前，已经在自己的头脑中把它建成了。"

人类的建筑与动物的窝或巢的不同之处，就在于意识。建筑是人先在自己的头脑中建成，然后再去建造的，而不是通过遗传的非意识行为建成的。随着人类的进步，这种意识也发展到了更高的层次，增加了新的内涵：如何能建造得更好些？这也就是建筑艺术和建筑装饰艺术的开端。建筑艺术与建筑装饰艺术虽面向同一个对象，但又有不同性质，建筑艺术是就建筑物整体而言的，包括其空间的艺术形态，而建筑装饰艺术则是在建筑物上附加的艺术加工。

中国古建筑具有悠久的历史，也表现着不同的建筑风貌和丰富的人文内涵，如宫殿建筑的宏伟、宗教寺庙的神秘、陵墓的肃穆、文人园林的宁静等。这些不同的建筑绘成了一幅多彩的中国古建筑画卷。纵观中国古建筑史，其在世界建筑发展历史中因为具有鲜明的特征而自成体系。这些特征主要表现为：第一，中国古建筑以木结构为主，因而形成了与木结构相适应的平面与外观形式；第二，中国古建筑多为由单幢房屋组成的院落式的建筑群体，从宫殿、寺庙到普通人的住宅皆是如此；第三，中国古建筑具有丰富多彩的艺术形象，从建筑群体的空间形态、建筑个体的外观到建筑各部分的造型处理等方面，都创造和积累了丰富的经验。而建筑装饰在这些特征中都起着重要的作用。

二、古建筑装饰的类型

中国古建筑装饰内容丰富、主题鲜明、技法高超、形式多样。对于中国古建筑装饰，我们可以从不同的角度入手，将其划分为不同的类型。

（一）根据装饰的内容进行分类

从装饰的内容来看，中国古建筑装饰大致有以下六大主题：

1.动物装饰

动物装饰有龙、凤、狮、虎、麒麟、螭、鱼、马、象、猴、鹤、鸡、蝙蝠等。一方面，动物装饰与古代社会等级秩序和礼法规范密切相关，如：皇室宫殿多以龙为装饰，普通官员和百姓的住宅就不可以；皇宫中根据宫殿的不同等级，在其垂脊前端会装饰不同数量的小兽。另一方面，动物装饰也体现了人们的人生理念和追求，如建筑物上多用蝙蝠做装饰是因为蝙蝠的谐音“遍福”，这表达了人们对美好生活的期望。

2.植物装饰

植物装饰有梅、兰、竹、菊、莲、牡丹等。植物装饰营造了自然美好的气氛和意境，往往更多地体现出建筑主人的格调情趣，或者表达人们对农业丰收、家族兴旺、生活富裕的诉求。

3.人物装饰

人物装饰有福禄寿三星、道教八仙等。人物装饰的内容往往取材于神话传说、历史名人、民间故事等，具有浓厚的民俗性和趣味性。

4.器物装饰

器物装饰有琴、棋、书、画、瓶、镜、扇、球、戟、葫芦等。器物装饰往往着重表现建筑主人的生活情趣，或用谐音的方式表达美好的祝愿，如一个花瓶内插三支短戟的图案表示“平升三级”。有的器物装饰还具有丰富的象征意义，超出了器物本身所表达的内容。

5.文字装饰

文字装饰有喜、福、禄、寿、忠、孝、节、义等符合古代社会伦理的单字，以及建筑的匾额、楹联等位置上的文字内容。

6.几何图案装饰

几何图案装饰包括简单规则的图形和线条，以及在此基础上通过重复延展或套叠形成的较为复杂的图案，此外还有花纹或者太极八卦这种具有文化寓意的图形。

根据装饰内容对中国古建筑装饰进行分类需要注意以下几点：

第一，不同的装饰内容可以组合在一起表达一个整体的意义，分开的话就会对这个整体意义造成破坏，如在门板上用 5 只蝙蝠把一个“寿”字围起来，表示“五福捧寿”。如果将这里的动物装饰与文字装饰分开理解，就不能体现“五福”和“寿”之间“捧”的有机关系。

第二，不同类型的装饰之间有交叉和模糊的地方，如八仙指的是汉钟离、吕洞宾、铁拐李、曹国舅、蓝采和、张果老、韩湘子、何仙姑这 8 位道教仙人，因而建筑装饰中的八仙可以归到人物类。但是后来又有了在八仙传说基础上通过转喻形成的暗八仙，即用八仙分别持有的扇子、宝剑、葫芦、阴阳板、花篮、渔鼓、横笛、荷花这些法器来代表八仙本人。如果说暗八仙是器物装饰的话，它所表达的并非这 8 件器物，而是 8 个人；但如果说暗八仙是人物装饰的话，它又不具有人物的形式。

第三，某一类型的装饰在历史发展过程中可能演变成另一种类型，如忍冬、荷花、兰花、牡丹等装饰经过处理后呈“S”形波状曲线排列，进一步抽象化为简单线条组成的二方连续图案，就形成了属于几何图案装饰的卷草纹。

（二）根据装饰的部位进行分类

除了根据装饰内容进行分类，中国古建筑装饰还可以根据装饰所在的部位大致分成上部装饰、下部装饰、室内装饰、细部及小品四大类。

1.上部装饰

中国古建筑的上部装饰包括屋顶、檐柱、墙垣、斗拱、雀替、门窗等部位的装饰。其中，屋顶是最重要的。中国古建筑所体现的最重要的东西不是技术，也不是艺术，而是社会文化，屋顶上的装饰就体现了诸多民俗性的文化含义，以及从屋脊、屋面到檐部在造型上的和谐统一。

2.下部装饰

中国古建筑的下部装饰一般指墙的腰部以下部件的装饰，主要有台基、台阶、柱础、栏杆、铺地、道路和桥梁等。这里的桥梁，指的是住宅、宫殿、寺庙和园林等中的小型桥梁。在建筑的下部装饰中，台基是一个重要对象。台基的装饰，从形式上来说其高度应与上部建筑相称。北京故宫太和殿下设三层白石台基，如果三层台基叠加在一起，就与上部的建筑高度比例很不相称；但这三层台基是一层层舒展开来的，因此与上部建筑的比例就很协调。三层台基的设计原意并不是展现形式美，而是要体现皇宫建筑在伦理等级上的超然地位，但经过这样三层展开处理之后，就达到了内容和形式的统一。

3.室内装饰

中国古建筑室内装饰的内容相当丰富，从顶部的藻井桁椽、梁架柱枋，到壁面的墙板门窗及底部的门槛、地面，以及诸多家具陈设等，都很有讲究。这些室内装饰不但内容丰富，而且形制烦琐，但又往往有着统一的线型、收头处理和肌理关系。各种室内装饰的大小高低既要符合装饰空间的大小，也要符合观赏者的尺度。

4.细部及小品

小品本是指一种文体，建筑上借用“小品”之名专指那些小而简的建筑，也包括各种不依附建筑而独立存在的部分。在中国古建筑中，独立的小品包括牌坊、石狮、碑碣、墓表、石柱、照壁、门阙、香炉、日晷等，不独立的小品有须弥座、屋脊、吻兽、螭首、铺首、垂花及其他诸细部。附着在这些小品建筑和细部上的装饰同样是中国古建筑装饰艺术中不可或缺的一部分。

（三）根据装饰的材料和技法进行分类

按照装饰的材料来分类，中国古建筑装饰可以分为石材、砖瓦、琉璃、木材、金属、陶瓷等几类；按照装饰的技法，又可以大致分为雕塑、绘画、镶嵌等几类。不过装饰的材料和技法往往会呈现一定的相关及对应关系，因此二者不能截然分开。

三、特征与价值："全息"的文化对象

建筑自古以来就兼具物质和精神两方面的功能。人们建造房屋，调动各种材料筑造出一个物质的外壳，首先是为了满足人们生产、生活、工作、娱乐等各个方面的需要，无论是古代的宫殿、陵墓、寺庙、园林、住宅还是现代的写字楼、商场、宾馆、公园、火车站等，都是如此。但是，除了这种处于首位的物质上的功能，建筑作为形态相异的实体，以不同的造型引起人们的注意，同时还具有精神上的功能。人们希望建筑能够反映自身的风格和气质，反映出人的理念、追求、文化、格调，能够实现内容和形式、功能和审美、力学和美学的统一。

力学和美学的统一正是中国古建筑在形制构造和艺术处理方面的鲜明特点。著名建筑史学家杨鸿勋先生认为，建筑装饰的产生，首先是对建筑空间借以存在的结构的美化，也正是因为这种装饰和具有功利价值的构件结合在一起，所以人们才能感到它的美好。突出建筑材料质地和色彩的特点与利用的合理性，突出结构构造的力学特点和技巧性，突出部件的功能特点和实用效率感等美化加工，是建筑装饰的基本原则。古代匠人善于将建筑的各种构件本身进

行艺术加工使其成为有特色的装饰，大到一座建筑的整体外形，小到一个梁头、瓦当都是这样。建筑构件的结构形态首先要满足一定的力学功能的要求，在此基础上进行的艺术加工无疑就是美学的体现了。

例如中国古代建筑的屋顶是木结构，体形上显得庞大笨拙。但古代工匠顺势利用了木结构的特点把屋顶做成曲面形，屋檐四个角微微翘起，形成了飘逸而又柔和的屋顶曲线；屋脊上的构件被加工成各种动物或其他形象；房屋木结构的梁、枋出头的地方也做成了蚂蚱头、麻叶头等各种有趣的形式；每一排屋檐上的瓦头都进行了装饰，刻出各式花草鸟兽的形象；为了保护木材，在木结构的露明部分刷上油漆和涂料，色彩的加入又为装饰提供了新的可能。这些都是力学和美学相结合的体现。

任何一种艺术所表现的内容都脱离不开其所处时代的社会生活，都必然带有一个地区、一个民族物质生活和意识形态的印记。建筑装饰艺术当然也不例外。建筑装饰是依附于建筑之上，而不是独立于建筑之外的艺术品，因此一个地区、一个民族的建筑特征或建筑风格决定了建筑装饰的特征与风格。

建筑和建筑装饰的特征，有多方面的形成原因，总体上看有自然环境和人文环境两方面的因素。自然环境包括各地区不同的地势、气候、生产资料等；人文环境包含信仰、风俗等。因此，建筑装饰的风格特征不仅体现了不同的地理环境、气候条件、建筑材料等的影响，更是人们精神的外在形式，显示出人们审美意识的印痕。任何一种集体信仰、人生理想或者是民族风情都是经过长期的历史积淀而形成的，因此反映在建筑装饰上的一些特征也是经过漫长的时期才产生的。

就中国古建筑力学与美学相结合这一特征来说，至少以下两方面原因对其形成产生了重大影响：

第一，力学和美学相结合是中国古建筑长期发展木结构框架的必然要求和结果。木材虽然在性能上很适合用于构架，但是抵受不了日晒雨淋、水灾火灾、潮湿腐烂等不利因素。因此，在对木材的使用过程中首先表现出了一种“防护”

的精神，在这种实用的出发点之后发展出了美学的形式，比如：在木柱、木梁、木门上采用金属片覆面做防护层，由此发展出了镶嵌金属的装饰方法；用油漆保护木材的方法衍生出了色彩的装饰效果，进一步发展出了彩画的形式；屋顶的檐部延伸出较远的距离可以使屋身构架的木材尽量免受日晒雨淋，同时又形成了屋檐优美飘逸的轮廓曲线。另外，可能是更重要的一点，木材如果长期置于完全密封的环境，就会很容易腐烂，所以为了使木构件能够有更长的使用寿命，最好的方法就是使它们处于经常通风的环境中。在这种情况下，众多解决力学问题的构件就必须直接暴漏出来，而这些力学构件最初看起来并不一定是美观的。所以，在满足结构要求和不损害力学功能的前提下，几乎所有中国建筑构件的形制都经过了美学上的加工。它们一方面不失其原本的形状功能，另一方面又具有一定的装饰意味，而木材容易加工的性能则为美学形式的发展提供了充足的空间和可能性。

总的说来，对构件形态进行美学加工的方向，就是将来自力学要求的几何图形改变成一系列曲线，借此改变由规则整齐的构造而带来的呆板的感觉，呈现刚中带柔、柔中有刚的感觉。例如：在垂直木柱的上三分之一段逐渐收小，柱头呈覆盆形，形成了梭柱，这样的处理于力学上的功能完全无损，甚至可以使节点的关系更紧密，美学上则将柱身的纵断面从直线变成一条柔顺的曲线；水平杆件的梁枋，其断面转角的地方很少是尖锐的方角，多半都处理成了小圆角；弓形的月梁不仅是一种力学功能上适合承重的形状，而且在构图中成为一条活泼的曲线，同时侧面往往施以精美的雕刻纹样；作为对角斜撑的“叉手”也发展成了线条柔和的人字拱；附在柱头两侧用于加强额枋剪应力和减少跨距的雀替，在外形上稍做修饰，就形成了像翅膀一样的生动曲线；至于斗拱，这一最能代表中国古建筑整体结构原则和精神的构件，同样被加工成了优美的空间结构，往往成为古代匠人的得意之作……可以说，在构造上任何突出的部分，都通过艺术上的加工成为带有优美曲线的形状。有人说，在中国古建筑中，一般“构件的装饰性”要多于“装饰性的构件”，正是这个意思。

第二，力学和美学相结合也是中国古代社会思想观念的产物。在古代文献和文学作品中，赞美建筑装饰和反对奢华浪费的观点不断涌现。一方面，从历史记载中可以看到，历代统治者大兴土木，建造出诸多辉煌的宫殿、精美的园林。从汉代到南北朝时期，文学上产生了诸多描述京都宫殿、园囿及重大建筑物的赋，如班固的《东都赋》《西都赋》，张衡的《东京赋》《西京赋》，其中多用极为典丽、藻饰丰富的文辞对建筑和建筑装饰做了生动的刻画和充分的赞美。另一方面，反对建筑装饰过分奢华和浪费、主张节约民力的观点符合儒家的思想，也很早就成为一种舆论力量。宋朝李诫编写的《营造法式》，在序言中也有“恭惟皇帝陛下仁俭生知，睿明天纵；渊静而百姓定，纲举而众目张。官得其人事为之制。丹楹刻桷，淫巧既除；菲食卑宫，淳风斯复”这种主张节约的内容。因此，中国的建筑装饰就在这样热诚的赞美和有力的反对的矛盾中发展演变。这种情况当然不利于建筑艺术进行自由大胆的创作，但又恰恰促成了一条新的道路，即古代匠人不得不“戴着镣铐跳舞”。建筑装饰与功能目的、视觉效果与使用要求不得不紧密而完全地结合起来，美学与力学的要求达到了统一。

在中国古建筑中，诸多构件是很难纯粹以美观的名义和艺术的目的添加上去的，很多装饰往往因为象征主义才得以存在。例如，用鱼或者龙作为正吻的形象收束在屋脊两端，像兽角一样弯起，是因为鱼龙和水有关，装饰在屋顶是作为一种象征性的“防火设备”而存在的，但事实上并不能起到保护木结构建筑避免火灾的效果，反而是在屋脊处构成了一条丰富而有动感的天际线；也有一些屋顶将正吻和垂脊发展成“鳌尖”，高高向上翘起，形成了更为活泼的屋顶轮廓线，而改用“鳌尖”同样也是基于寓意于鱼的防火观念；在房屋山墙的三角形顶角上，往往有木板雕刻的“悬鱼”和“惹草”，也是一种基于象征性防火观念的装饰。

综上所述，建筑和建筑装饰风格的形成，既受自然环境方面的影响，也受人文环境方面的影响。建筑是一种文化，但它是一种极为特殊的文化。建筑文化的特殊性在于它不仅仅自身是一种文化，而且表述、反映着其他各种文化。建筑可以作为各种文化的载体，为其所用，使其在建筑的实体上或者空间中得以实现。这正是建筑文化的特殊性及其价值之高的原因。因此，建筑装饰作为建筑的一种视觉对象，也就不仅仅体现出实用或者美观的意义，而同时具有民族、地域、宗教、哲学、伦理、风俗、历史、制度以及集体潜意识等各个方面的内容。例如，斗拱既是一种结构和力学上的精妙构件，又是伦理纲常、礼仪制度、社会等级的一个载体，同时也是我们民族建筑文化最根本、核心的表征，其美学形式具有艺术和审美上的功能，而其形制的细微差别又反映了不同地域、不同时代的文化差异。可以说，建筑装饰往往是一种具有多层次语义的全息文化对象。通过对中国建筑装饰的研究，能够以小见大，对建筑文化以及整个中国文化都有所了解，这正是建筑装饰的特殊性及价值所在。因此，对建筑装饰的研究，要深入文化层面，提高到哲理高度，与社会伦理和宗教结合，与历史性和地域性结合，与思想及观念形态结合，与情态和心态结合，而非仅仅罗列技术。

第二节　古建筑雕刻装饰

雕刻，是中国古建筑装饰艺术中最为常见也是最为重要的手法之一。笔者认为，以艺术的视角对古建筑的雕刻加以审视，对其审美特征、造型程式有本质性的认识并加以探究，是很有必要的。而对于建筑雕刻与建筑本身的关系、雕刻工艺流程与手法、雕刻与载体材料的关系、雕刻内容与其文化内涵的了解和掌握，更是很有必要的。

一、古建筑雕刻的材料

（一）木

古建筑的木雕对木材的要求较高，例如常用于建筑结构材料的杉木，就不适于做木雕。木雕要求材料质地比较坚硬，纹理比较细腻。因此，过去用于皇宫、寺院、祠堂、官商府第等建筑的，常有极为名贵的紫檀木、黄花梨木、酸枝木、楠木、榉木、黄杨木、樟木、白果木等。

1.紫檀木、酸枝木、黄花梨木

紫檀木、酸枝木木纹缜密，极为坚硬，色泽典雅沉稳，常呈现深红或紫中偏红色。黄花梨木则是橙红带黄色，价格非常昂贵。这三类木木质比重都比水大，风干后仍然入水即沉，有“硬木”之称。

2.楠木

楠木（又分为大叶楠、小叶楠，后者珍贵）木纹细密，气孔如针，气味具有天然的芬芳，具有防腐、防虫功能。有些楠木里有金丝和类似绸缎光泽的现象，故得名金丝楠木。在中国古建筑中，金丝楠木一直被视为最理想、最珍贵、最高级的建筑用材，在宫殿苑囿、坛庙陵墓中广泛应用，这是因为金丝楠木耐腐、避虫、冬暖夏凉、不易变形、纹理细密瑰丽、精美异常。

3.榉木

榉木，木头中心部位的色彩多呈现出沉稳的老红色，而周边则泛黄色（亦有泛白的），木质紧密，十分坚硬，且具有耐湿抗潮、不易变形的优点，因而常被用于柱、梁、檩和门窗等构件的制作。

4.樟木

樟木，又分红樟、白樟、黄樟、细叶樟等。樟木木纹细腻，且气味芳香，材质中含有天然芳香物质，具有天然防虫的作用。除用于建筑构件外，其还多被用来雕刻神像（故又有“神木”之称），制作衣柜、书箱、书匣、餐柜、食匣等。建筑雕刻多用红樟、黄樟等。

5.黄杨木

黄杨可分为山黄杨、水黄杨，水黄杨风干后木质带有浅黑色水渍斑纹，故山黄杨更佳。山黄杨木木质极为细腻，经打磨抛光后表面有肌肤质感，长时间后表皮则有如象牙般的光泽。黄杨木主要用来雕琢局部细件，特别精致典雅。

6.白果木

白果木即银杏木，质地细腻，便于走刀，亦有防虫、防腐功能。

此外，由于地域不同，自然植物资源分布不同，木雕的材料也各不相同。我国北方地区的古建筑木雕材料，多用榆木、柞木、楸木、椴木、红松等；南方地区的古建筑木雕材料种类繁多，以楠木、榉木、樟木、柚木、龙眼木、黄杨木较为常见。

（二）石

石雕的材料也很丰富。不同地域，出产石材的种类不一，采用的石材也不相同，主要有汉白玉、花岗石、青白石、青石等。

1.汉白玉

汉白玉通体洁白，也用于雕刻佛像等。西方从古希腊时代就用白色的大理石作为人像雕刻材料。中国古代用这种石料制作宫殿中的石阶和护栏，所谓“玉砌朱栏”，华丽如玉，所以称汉白玉。汉白玉是中国古代皇家建筑使用的名贵石料，在故宫、天坛、天安门金水桥等经典建筑中大量使用。在人民英雄纪念碑、人民大会堂、毛主席纪念堂等当代国家工程中，汉白玉也有广泛应用。

汉白玉根据产地的不同可分为山白、水白、雪花银白等。山白采自山坑，又称旱白，白色云状中杂有红色絮状物，或隐现红色石纹，石性脆而易裂。水白多采自山脚水浸之地，白色温润如玉，质地极为细腻，杂质少，有的也带白色絮状物，质地相对较软，十分适于雕琢，是汉白玉中的上品，在古代多用于宫殿建筑中的御道、台基、栏杆。雪花银白既结有雪白絮状物，又可见银白色晶状物，在光照下泛出银光，十分美丽。

2.花岗石

花岗岩属于酸性岩浆岩中的侵入岩，是此类岩石中最常见的一种，多为浅肉红色、浅灰色、灰白色等。花岗岩多为中粗粒、细粒结构，块状构造，也有一些为斑杂构造、球状构造、似片麻状构造等。花岗岩的主要矿物为石英、钾长石和酸性斜长石，次要矿物则为黑云母、角闪石，有时还有少量辉石；副矿物种类很多，常见的有磁铁矿、榍石、锆石、磷灰石、电气石、萤石等。

花岗石在我国分布很广，因产地和质地上的差异，其种类名称也很多，如北方出产的一般为豆渣石、虎皮石。前者白色粒状中杂有黄褐色，色泽如豆腐渣；后者质地多呈褐色或褐红（黄）色，因状似虎皮而得名。花岗石硬度极高，抗风化能力较强，但因其材质结构多呈粒状，容易迸溅，故不宜精雕，适于做地面、台阶、阶基条石。若做雕刻，则花岗石只适合做一些比较粗略的花纹。

3.青白石

青白石种类繁多，因颜色和花纹不同，又可分为青绿、豆绿、豆青、艾叶绿等。四川、湖北、湖南北部、贵州、广西等地是主要产区，以四川所产最为有名。青白石质地有砂质感，但颇为细腻，坚硬而不易风化，是石雕的上好材料。

4.青石

青石是地壳中分布最广的一种在海湖盆地生成的灰色或灰白色沉积岩，属于石灰岩类目，大理石成分也是有石灰岩的，所以青石也是大理石类目。青石质地细腻，色彩黛青，硬度适中，便于雕刻，故在古代南方民居建筑中最为常见。青石在中国南方分布颇广，以云南、湖南、广西所产最为有名。

此外，湖南芷江盛产一种紫袍玉带石，叫明山石。该石色彩丰富，以豆绿、紫红为多，紫底上又有红、黄、绿、白、米色相间，艳丽多彩，质地细腻温润，硬度适中，非常适合精雕细镂，故在广东、广西、贵州、四川、湖南等地的古建筑石雕中多有采用。

还有一类建筑用石，主要用于园林置景，或堆山点缀，多就其天然纹理或形状，不做大的雕琢，偶尔琢之，也只是顺其形态略施小雕，稍事穿凿，且要求不得显露人工雕琢痕迹。此类园林用石，各地都产，但以太湖石、灵璧石最具盛名。

（三）砖

砖雕的材料，就是用泥土烧制的砖。不过此类专门用于雕刻的砖，在制作中，原材料和工艺均有别于砌墙所用的砖。制坯前，要精选土质，黏度要合适。然后，要清除泥土中的粗砂石粒和树根等杂质，保留土中的细微砂粒，甚至还要在坯土中加入适量的细砂，以保证砖坯烧结时形状稳定不变。之后，再按雕刻所需，造模定坯，将泥坯送入窑中经 800～1 000 ℃高温焙烧，再封窑闷水，以保证砖色黛青一致，表面光洁平整。如此烧制出的砖，叫“雕坯”“雕砖”。这样，就可以开始雕琢了。

（四）泥

建筑上的泥塑主要是建筑物的屋脊、翘角、墙头、墙面等处所做的堆塑，泥塑一般都配上色彩，因而又叫“彩塑”。泥塑的做法一般是先在墙面用竹条、木条或铁条钉扎出龙骨，作为支撑，使塑上去的塑泥附着牢固。龙骨的做法有插、钉、扎三种。插，即将竹条、木条、铁条插入墙面砖缝，然后用泥灰填实挤紧；钉，即将竹条、木条、铁条用钉子钉在墙面上；扎，即将插好或钉好的竹条、木条、铁条编扎成简单的支撑骨架，此法又叫“搭撑”“扎龙骨”。

用于古建筑墙面堆塑的材料和配方，因我国南北地域物产和工艺的差异而有所不同。即使在同一区域，因泥塑工匠派系的不同，材料配方和工艺手法也不尽相同。南方地区泥塑材料的主要成分为石灰，再添加一定比例的瓷（瓦）灰、纸浆、麻丝、糯米浆、白芨或蒿子水以及蛋清。北方则以膏泥为主，佐以苇秆、秸秆片、麻片、榆树皮、白芨、蛋清，也有加白椒粉的。这样配制出来的塑泥，湿时绵韧力强，粘连性好，风干后坚硬如石，且质地非常细腻，便于塑工拉、旋、捏、粘等。待塑制好的各种花卉纹饰和各形态的人物、动物处于半干半湿状态时，还要在其表面用矿物颜料或植物颜料描饰彩绘，使颜料渗透堆塑的表面层，烧制后显现出不同的色彩。这样制作的堆塑，可经数百年不开裂、不剥落、不变形、不褪色。

二、古建筑雕刻的工艺手法

我国古代文献中早就有关于建筑雕刻工艺的记载。数千年来，我国无数的能工巧匠，在长期的建筑雕刻实践中，口传手授，对中国古建筑雕刻的工艺、手法进行了科学的归纳和总结。古建筑雕刻的工艺手法大致可分为以下几种：

（一）圆雕

圆雕，又称“立雕”，是一种雕塑表现手法，即在立体物上雕出不附在任何背景上，可以从各种角度观赏的立体形象。

圆雕可分为单体圆雕和复体圆雕两种。

单体圆雕造型简洁，物象精练，形体单纯，影像清晰，以独立的个体类型出现，一般不展示宏大场景，不表现复杂情节。复体圆雕又称群雕，通常将同类或相异的物象，如人物、动物、植物或道具等有机地组合在一起，彼此互为补充，共同表现一个主题。

群雕结构复杂，形体变化丰富，可充分展示情节内容，表现宏大场面。复体圆雕在组合方式上有连贯式和分离式两种。前者物象之间相互交连，形成一体；后者物象之间没有直接相连，彼此有着合适的距离，通过底座或地面组合在一起，形成特定的空间。

这种工艺是由雕刻对象、装饰用途、装饰的部位决定的，雕刻的手法和程序也有所不同。一般说来，先雕凿出坯子，再根据其体量，将被雕刻物以外的多余部分全部凿去，然后在四周施以精细雕刻。

（二）浮雕

浮雕是在被雕刻物的平面上，雕凿出凸起的形象（古代叫“凿活”）。依凿刀雕刻的深度和表面凸出的高度不同，浮雕可分为高浮雕、浅浮雕等。浮雕的雕刻方法是，先在被刻物上打好画稿（这道工序在古时叫“描谱子”），再用刀、凿或錾子将画稿图案的线条凿出线沟（这道工艺叫“穿”），然后将线沟以外的部分凿掉，留下凸显的纹饰，之后在纹饰上又分出多个层次来，使其具有立体感。所雕物品，所分层次越多，雕刻难度越大，立体效果也就越好。

1.高浮雕

在浮雕方法的基础上，进一步向深层次雕刻，往往是在被雕刻物上画一层，就雕刻一层，随铲随雕，使其呈现出丰富的层次。有的建筑木雕竟有六七个层次之多，立体效果非常明显，已接近圆雕效果。此类雕刻手法，要求从艺者不仅要有雕刻的能力，还要有绘画的能力。

2.浅浮雕

浮雕方法的一种，雕刻的层次比高浮雕少，一般只有一两层，难度亦相对较小。从事建筑雕刻者，多从此学起。

（三）透雕

透雕是介于圆雕和浮雕之间的一种雕刻方法，是在浮雕的基础上，镂空其背景部分的形象。

透雕工艺是先将图案画在棉纸上，再贴在木板上，然后在每组图案的空白处打一个孔，使用钢丝锯，沿图案的轮廓将空白处的木料锼走，因此又叫“锼活”。由于锼活要一次锼几块，所以能保证图案完全相同。图案的设计和工匠技艺的高低，决定了透雕工艺质量的优劣。锼好的半成品交给专门的匠师进行细部刻画。透雕一般是按照纹样的黑白和起伏，只对看面进行精细的雕刻工艺加工。

这种工艺手法能达到虚实相间、玲珑剔透的效果。透雕的雕刻技艺比浮雕要求更高，难度更大。

（四）减地阳刻

减地阳刻是由浅浮雕派生出来的一种雕刻方法。它是将要雕刻的纹饰以外的底子薄薄地削减一层，使纹饰稍凸现于减去底子的面，并用阳刻法雕刻纹饰，局部层次则以细小的阴刻法加以烘托，形成反差。减地阳刻尤能显示雕刻者精湛的功力，微凸的纹饰往往有浮起之感，层次又分远近，效果极佳，难度颇大。此类手法多见于木作。

（五）阴刻

阴刻以刻线为主，又叫线刻。大都是以一把凿刀或錾刀完成所刻的全部画面，这样线条就显得整齐规矩、粗细均匀。刀法有单刀、回刀、双刀、排刀、划刀、点刀、顺刀、逆刀等。在这些刀法的基础上，再根据画面表现的需要，灵活运用刀凿的中锋和偏锋，并适当把握刀凿力度的大小，速度的快慢，运刀的顿挫，方向的左右、上下。一刀刻（錾）后，使之刀錾痕迹有毛有光，有粗有细，形成适合题材内容的纹饰线条，组合成多种多样、富有变化的画面。

以上各种雕刻的方法都适用于木雕、石雕和砖雕，工艺、手法大致相同。

泥塑的做法，与木雕、石雕、砖雕相反。雕刻是在平面上就地雕凿，泥塑则是在平面上堆泥而塑。不过，就其具体的造型工艺手法而言，又是相通的。

中国古代建筑雕刻，可谓无所不雕，几乎囊括了中国古代造型艺术的所有对象。

另外，设计古建筑的装饰题材要注意与建筑本身相关联、相协调，这一点古人是非常讲究的。例如，住宅府第装饰的是有祥瑞气息的奇珍异兽，戏台上装饰的都是戏曲故事的场景等。

第三节 古建筑彩画与壁画装饰

一、古建筑彩画装饰

（一）古建筑彩画的发展

中国古代建筑彩画有悠久的历史。在木构表面涂饰油漆彩画，既可以防止风雨侵蚀，保护木骨，又可以起装饰作用。这种传统的工艺是在实用的基础上逐步艺术化的。它的题材内容丰富多彩，具有鲜明的民族特点。历来油漆彩画的色彩与内容都被当代统治阶级所控制，并分为三六九等，各受条例所限。所以，上等彩画往往集中在宫殿寺庙一类的建筑物上，平民百姓备受压迫和剥削，有的甚至衣食不保，更谈不上追求安身居所之美了。

建筑是一个国家的经济、科技和文化艺术发展的产物。古建筑反映着一个国家和民族的历史进程、文化发展的特点。建筑的发展过程，是前后互相联系的。每一个时代的发展创新，都离不开前一时期在建筑技术、材料、结构等方面积累的经验。

中国古建筑在造型、风格、色彩等方面反映着一定的社会生产方式、社会性质和一个国家民族物质文化的历史特点，以及地区的自然环境。所以说，建筑风格包括了社会性、民族性和地方性。

建筑艺术主要由建筑造型和建筑色彩两个方面组成。中国古建筑富丽堂皇，丰富多彩，如北京故宫的宫殿红墙、黄瓦、红柱、青绿色的彩画以及白石基座，在蓝天绿地的映衬下，确实富丽非凡。

早在战国时期，中国古建筑的装饰艺术就已经形成，但在装饰的面积上有一定局限，不像明清时期那么丰富。在结构上（包括砖、石、木结构）装饰花纹，多以雕彩结合，纹样有几何纹，动物、植物变形图案以及少量的人物故事题材的图案等；艺术手法比较简练，造型浑厚朴实；色彩多为朱、绿、丹、黑等。长沙楚墓出土的雕漆板，就是一个很好的实例。在楚墓中，六块雕漆板可以分为两种雕彩形式。一种是以绦环构成图案，另一种是用三角回纹式构成图案，这些雕漆板工艺精细，线条柔和、活泼流畅。

石构建筑的造型处理，在很大程度上是模仿木结构建筑，顶上雕刻石瓦、檐椽、斗拱及梁架等，并在各构件的表层刻画各种图案，有的还加以彩饰。从汉代木椁墓、空心砖墓、砖券墓、石室、石阙等墓葬出土的陶屋、陶楼、画像石、画像砖、雕花木板、漆器来看，多以彩画装饰。

彩色在建筑上的应用，正如古代文献所记载，为“中庭雕朱”。现在遗存的战国瓦石上仍有涂朱红色的痕迹，在辽阳还发现过汉墓壁画，构图较复杂，线条舒展，颜色鲜丽。

战国至秦汉时期，建筑装饰图案资料虽然遗存较少，但出土的瓦当、条石、地面砖、雕漆板等物，在构图上均有多种变化，表现手法熟练，色彩协调，是珍贵的文物遗产。

三国至隋唐时期，建筑结构的装饰、工艺和色彩又有了进一步的发展，彩色逐渐增加，使建筑本身更显得雍容华贵，如唐代石窟内的壁画、窟檐大多以红色作图案，也有采用红底加彩色花纹的处理方法。在殿宇回廊的墙壁上常绘制五彩鲜艳的壁画，这种彩绘装饰反映出当时经济社会的繁荣。

隋唐时期的石刻和彩绘艺术已达到较高的水平，如赵州桥上的石栏板、望柱上面的雕刻，是水平比较高的艺术品。

唐代彩画在南北朝的基础上，又有了新的发展。唐代彩画的特点主要表现在以下三方面：第一，用色较多，图案色彩华丽绚烂。在以青、绿、朱、白、黑五彩绘画的基础上，又创造了“五彩间金装”的彩画图案，使彩绘作品显得更加雄伟壮丽、金碧辉煌。第二，图案线条刚劲有力，翻卷折叠的花叶犹如江河流水起伏回旋一般，前后连贯，笔墨技法也较精练。这种线描技艺为唐代彩画增添了新姿。第三，图案花纹较丰富多彩。除原来绘画的花草纹图案外，还增加了千姿百态的飞禽走兽，形象生动活泼。这种鸟兽纹后来在明清的画作中统称异兽。

宋代的建筑规模比唐代大，建筑更加秀丽、绚烂而富于变化。宋朝以后陆续出现了各种复杂的殿阁楼台，在装修与彩饰方面增加了新的色彩。琉璃瓦、精致的雕刻和多种形式的彩画，强化了建筑物的艺术效果。

宋代手工业不断发展，造成了建筑材料的多样化，建筑艺术更为精湛。同时，各工种的操作方法、工料的估算也有了较严格的规定。随着生产实践的不断发展，出现了总结经验的《木经》和《营造法式》两部著名的建筑著作。宋代李诫费时六年，搜集了不少工匠的丰富经验，系统地总结了建筑技术、工艺技巧、材料使用等方面的成就，于崇宁二年（1103 年）开始编撰《营造法式》。该书内容主要为当时宫廷及衙署等建筑的施工、用料、劳动定额和各工种的操作规程，是我国现存最珍贵的古代建筑学文献之一。

相比以前，宋代建筑绘画有较高的水平，尤其在运笔用墨上更为讲究，笔法流畅飘逸，线条刚劲挺拔，花纹图案活泼多样，在操作技法上也较前代有所发展。

宋代彩画的特点是以线条轮廓及图案造型为主，以退晕技法为辅，以青绿两色为主色（大色），以红黄两色作陪衬，其效果较为显著。宋代彩画较以前规格，增加叠晕方法以后，使建筑彩画逐渐发生了新的变化。这是宋代的匠师们一项大胆的改革。除此之外还改变了唐代的用色单调与晕重，形成了清雅淡泊的风格。由于宋代有销金禁令，故在建筑彩绘上绝少采用金饰，这便成为那个时期建筑彩画的一个特点。

《营造法式》对于建筑彩画的点金工艺谈得不多，但在宋代彩画制度中却有衬金法与贴真金记载，并明确说明了贴金的做法与位置。当时虽然尚未出现沥粉工艺，但采用胶粉重描的办法仍可产生凸线，从而形成立体感的效果。至于用金位置、用量大小，采用的是画龙点睛的手法，起到点缀与衬托的作用。以金缘的效果来强调木构件造型、轮廓和花纹的界线。这种作法与“五彩碾玉装”黑色勾线的意思是相同的，以金代黑更能表现出建筑物的华贵壮观。

宋代建筑彩画的衬金之法尚未发现实物遗留，但在当时的雕花板上有图案描金的痕迹，在塑像的衣饰上也有沥粉贴金。例如，薄伽教藏殿内的大佛莲座就采用了沥粉贴金的工艺，开始是用在装銮彩画中，后来又逐步发展到建筑的梁架上。这种发展的过程应在宋代的晚期。

建筑彩画的构图原来在梁枋部位，大都采用横列通体构图。如通体串枝环绕宝石花、海石榴花及卷草等纹饰类，直达构件的两端，没有划分枋心、藻头、箍头的分部之制。后来在额枋彩画部位上出现了以各种如意头图案组合的藻头、枋心、箍头等图案。这种图案方式的出现，标志着建筑彩画又进入了一个新的阶段。宋代以前的箍头、藻头是由金属箍演变而成的。金属箍最早的功用是加固木构件，如额、梁、枋等。后来匠师们为了掩饰金属箍，并力求与木质部分协调，在其表面彩绘了一些花纹图案，以达到更加美观和谐的艺术效果，久而久之就形成了箍头、藻头的彩绘式样。这就是大木梁枋形成枋心、藻头、箍头“三部”的起源。

再说柱子彩画。在南唐二陵及白沙宋墓中的柱子上均有彩画。宋代的敦煌窟檐朱柱上下皆有青绿束莲。《营造法式》中的柱上彩画更是丰富。彩画的柱子主要是内檐柱子。这种五彩遍装的柱身彩画在宋代盛行一时，但到明清时期已基本不用。

宋以前梁枋彩画在构图上比较自由，各地区的彩画有一定的地区性，风格各异，千变万化。其中，南唐二陵、白沙宋墓的彩绘图案都是较好的艺术创作。宋代《营造法式》对建筑彩画进一步规范化，同时又增加了“碾玉装”叠晕法工艺，因此建筑彩画较以前有了新的变化，应该说这是当时工匠们在建筑彩画上的一个大胆的创举。

元代在沿袭宋代彩画风格的基础上，创造了“旋子彩画”。这个时代的彩画有了较大的进步，并对接下来明代建筑彩画的进一步发展起着重要作用。

明代的建筑彩画从名称、图案、纹样以及用色等方面走向了规矩化。总体来说，明代彩画与宋代相比，更显文雅，且以青、绿等冷色调为主，相反色彩鲜明的红白色很少涉及，因此给人以简洁、雅致之感。

清代的建筑彩画除了承袭了历朝历代彩画的精华之处，吸收和借鉴了西方装饰的优点，在取材和样式上，也超越了以往任何一个朝代，对于图案工艺、色彩搭配、题材选取以及用金量等都发展出了严谨有序的规定制度。

明清时期南北方彩画风格各异。北方彩画以青绿色调为主，色彩浓烈华丽，等级制度也最为严格，如：一、二品厅堂可以青碧饰，门窗户牖不可以用丹漆；六品至九品厅堂梁栋只许饰土黄。这一时期的皇家建筑色彩不同于唐以前朱柱、白墙、青瓦的特征，形成了以红、黄两色为主色调的风格，其典型表征为金黄色的琉璃屋顶、红色门窗墙面、青绿色彩画、白色栏杆台阶，形成了宫廷建筑金碧辉煌的色彩效果。与北方森严的等级制度相比，南方彩画则表现得比较宽松，在使用上没有严格的规定，彩画中用金做装饰，出现了与当时制度相悖的“僭越”现象，整体色调表现出清新淡雅的风格。

下面具体介绍宋代彩画和元代彩画。

（二）宋代彩画

宋代彩画的特点是秀丽、素雅、绚烂而富于变化。《营造法式》记载的宋代建筑彩画种类不多，但在实际操作上包括的内容较广，共有六种做法：五彩遍装、碾玉装、青绿叠晕棱间装（又称三晕带红棱间装）、解绿装饰（又称解绿结华装）、丹粉刷饰（又称黄土刷饰）和杂间装。

1.彩画与色彩

宋代彩画一般在设色上分为衬地、衬色及叠晕三个步骤。

（1）衬地

五彩遍装彩画先刷白土一道，作为彩画底衬。碾玉装或青绿叠晕棱间装，先刷胶水一遍，再以 1/3 淀青和 2/3 白土合在一起满刷一遍，干后可进行彩画。砂泥墙壁，先刷一道胶水，干后再涂刷优质白土两遍（横竖各一遍，色调一致），待干后绘制壁画。彩画衬地的作用与矾纸的作用相同，都起到托色的效果。木料能大量吸水，在木构表层涂色时，颜料的液体很快就会被吸干，致使设色不平，薄厚不一，自然会造成深浅不匀的结果。采用衬地法，既能使上下层次结合一体，又能防止紫外线照射、氧化以及水分的侵入，能有效地加强木构的保护作用。

（2）衬色

衬色即在衬地上加涂别色。石绿图案多以槐花汁调和螺青及铅粉为衬色；石青图案以螺青调和铅粉为衬色；朱红以紫粉调和黄丹为衬色，但有时也可直接与黄丹相配（深浅配兑比例为1∶2）。这种配色的方法可起到二色的效果，都是在原色上加浅色，如铅粉、丹黄之类，使其石绿、石青、朱红三色经调兑后浅出一至两个色阶来，称为二青二绿、三青三绿或二朱三朱色调。

在青、绿、黄、朱、白五色中，青、绿、朱为主要色调。石绿称大绿，石青称大青，朱砂称深朱，其余诸色相间陪衬。例如，当图案线内用大青时，线外即采用朱绿晕色配之，以起到鲜明的对比作用，显示其花纹的色彩鲜艳、富丽。宋代彩画形式多样，作法不一，图案造型繁多，设色有深有浅，或轻或重，五色相间，千变万化。

（3）叠晕

在梁枋及斗拱的外缘（外边）留边线，以青绿或朱红叠晕。白地上绘画飞禽走兽，以赭色勾线，并加以浅色润染，然后上色。色彩一般多以相对配合，青地花纹以朱、黄、绿相间，外缘以朱色叠晕；朱地花纹以青绿相间，外缘以青绿叠晕；绿地花纹则以红、黄、青三色相间，外缘以朱色叠晕。这种处理的技法，在宋代称为间装法。

晕色是自浅入深，由白、三青、二青、大青顺序相叠排列。花朵与枝叶叠晕时，外缘浅，中央深。梁枋斗拱外棱晕色，深色在外，浅色向里，在深浅相对之间拉白粉一道作为分界线。这种五彩相间叠晕技法，可以说是宋代彩画的一种独特风格。

2.彩画作法与分类

（1）五彩遍装彩画

五彩遍装彩画是在唐代彩画的基础上发展起来的，这种彩画图案的形式既保持了唐代彩画的风格，又体现了宋人的创造与发展。五彩遍装彩画一般多绘制在梁拱上，以青、绿、朱三色为主要色调，其他槐黄、靛青、藤黄植物颜料作陪衬。梁拱的外缘一般多以青、绿、朱三色叠晕，心内画面饰以五彩花纹。红地者，青、绿花；青地者，红、绿花；绿地者，青、红花。相间岔开，形成对色，认色攒退。花纹图样多为仙人、龙凤、飞禽走兽之类。杂花类有：海石榴花（石榴花）、宝相花（芍药花）、太平花（菊花）、宝牙花（西番莲）、连荷花（荷花）等。作法通以五彩攒退与渲染成活。

梁枋之枋心，多画以五彩锦纹，又称琐纹。宋《营造法式》中规定琐纹有六种：①琐子纹（联环琐、玛瑙琐、叠环琐）；②簟纹（金铤、银铤方环等）；③罗地龟纹（六出龟纹、交脚龟纹之类）；④四出纹（六出纹之类）；⑤剑环纹（宜于升斗内相间用之）；⑥曲水纹（王字与万字之类）。

梁枋局部彩画，作飞禽走兽图案时，先刷白地，用赭笔勾描于白地之上，然后以浅色拂淡，色调润滑协调，给人以舒适感。

宋代五彩遍装的设色技法，是前所未有的，它不突出线描的笔法，而着重强调敷色的精工，润色技法做到了精益求精。如石绿以槐花汁调和，上加草绿罩染；染赤黄色，先布粉地，以朱红合粉压晕，再以藤黄通罩，最后以深朱压心；花叶与枝茎多以二绿通涂，令细则需加染或偏晕。

精工细作之法，是五彩遍装的主要特点。唐代五彩装饰，常用金沿、金地“五彩间金”作法。宋《营造法式》所述彩画制度中很少谈金饰，纯以叠晕技法，取代金沿，以优美的图案造型及鲜艳的色彩，达到精湛的效果。

（2）碾玉装彩画

此种彩画为宋代的幽雅清淡彩画，较五彩遍装彩画更为程式化，图案花纹比较合规格，一般不采用写生素材。在用色上多以青绿叠晕为主，少饰朱色，这是碾玉装彩画与五彩遍装彩画的主要区别之一。碾玉装彩画的图案地色多以白色及豆绿色为主，外轮廓多以青绿相间叠晕，与五彩遍装彩画同。心内花纹一般多采用琐纹（包括簟纹、四出纹、六出纹等）及宝相花、太平花、卷草之类，以青绿两色相间调饰。正心图案的两端，采用青绿叠晕如意头，成为核心两端之外轮廓。

这种彩画的图案形式，从大效果来看，其中心的主要部位为白地、青绿花，局部少量加以红黄色进行点缀。在白地上呈现出翻卷折叠的青枝绿叶花纹图案。这种色调的处理手法，是宋代建筑彩画的一项革新。

（3）青绿叠晕棱间装彩画

此种图案为宋式彩画中的中下等彩画。构图比较简单，设色也较单调，其中主要讲两晕、三晕与三晕带红棱间装的技法。凡是构件的外棱以青色叠晕，棱内以绿色叠晕者，通称两晕棱间装。构件的棱外以绿色叠晕（浅色向内），相间青色配晕（浅色向外），心内又以绿色叠晕（深色向内）者，谓之三晕棱间装。内外棱间青绿叠晕，中间加以红晕者称三晕带红棱间装。

解绿结花装是以绿色为主的彩画图案（解字即分解区别之意）。整个图案花纹，以绿色为主，青色较少，只作陪衬，用土朱作地色。这种彩画起源很早，流行于晚唐及宋辽时期。如敦煌北魏251窟的斗拱的昂与座斗都以绿色为边框，土朱为地，其中的卷草流云等图案都以红黄绿相间涂饰。又如大同下华严寺薄伽教藏殿等辽代建筑，以及发掘的辽墓室中的彩画，基本相同。

解绿结花装在宋《营造法式》彩画中，属于解绿刷饰之类，但它是其中比较讲究的一种，外线作青绿叠晕，心内作花纹图案，而解绿装沿内则无花纹（空心），这是区分两类彩画的标志。

解绿刷饰之制，无攒退，无压老。梁枋彩画四周留沿，作两端对称如意头，以青绿两色相间攒退。除解绿刷饰外，另有丹粉刷饰，也是比较简单的一种，为汉代以来“七朱八白”对比色的传统作法。以土朱为主，间装白、黄二色，梁枋两端绘制如意头，沿内空心，通刷土朱。这种图案形式，在元代以后逐渐被淘汰。

（4）杂间装彩画

杂间装彩画为“宋式”各种彩画的综合图案，千变万化，没有统一规律，图案形式多样，设色五花八门，色调无常，近似“清式”彩画的海漫苏画。这种彩画形式，在宋辽时期曾不断出现，因此取名“杂间装”。

（5）斗拱彩画

斗拱彩画在宋代极为盛行，图案形式丰富多彩，但总的归纳起来可分为三个等级。五彩遍装与五彩净地锦为上等彩画，青绿叠晕松文装为中等彩画，解绿装与丹粉、土黄刷饰为下等彩画，各有特点。

①五彩遍装与五彩净地锦。五彩遍装的特点是升、斗、昂、翘的正面满布各种花草、流云、锦纹图案。一律作以红、黄、青、绿四色攒退，图案花纹采用对称手法。但在升、斗、昂、翘涂饰底色时，采用两侧对称、隔件岔色的作法，即绿色拱翘青升斗，青色拱翘绿升斗，隔攒岔开，以此类推。斗拱所有构件的两侧及反手（底面）部位，一律涂饰白色，正面随边缘认色拉青绿晕色。五彩净地锦斗拱的色调与五彩遍装有所不同，升、斗、昂、翘、拱各构件的正面一律刷饰白色地，心内绘画方、圆形与几何图案，昂翘两侧之构件颜色与图案造型相对称。花纹图案四色插齐认色攒退。这种处理方法与五彩遍装的作法有很大的不同。

②青绿叠晕松文装。第一，青绿叠晕斗拱彩画，其升、斗、昂、翘等构件一律采用青绿两色攒退叠晕之法，两侧及反手涂饰白色，正面色调两肩相对，即升斗心绿晕色，缘框采用青晕色，拱翘心青晕色，缘框绿晕色，隔攒调色，不同之处在于蚂蚱头正面采用如意头及方块锦纹图案。第二，三晕棱间装，即青、绿、白三色相间叠晕，以青、绿两色为主色，白色作青、绿两色的分界线（间隔色）。各构件的正面不绘任何图案，这是三晕棱间装的一个特点。饰色规矩同于叠晕棱间装。此外，还有一种“三晕点红”棱间装的作法，其主要特点就是在各种构件上都以红色圈边，蚂蚱头及昂面部位刷饰朱色，以深紫攒退。

其他作法与串色制度与叠晕棱间装相同。第三，两晕松纹装。以青绿两色叠晕作边线，隔件分色，两侧对称，正面心内刷白色地拉红线，中央画松纹。第四，解绿结花装。这种斗拱的处理方法与其他任何作法完全不同，斗拱的各件满刷红地，绿晕作边框，在心内红地子上绘以各种形状的小图案，造型多样，润色攒退，别具一格。

③解绿装与丹粉、土黄刷饰。第一，解绿装。一切斗拱之构件一律满刷绿色，以青色与砂绿色作外边线（隔件岔开），心内无图案、无压老（空心）。第二，丹粉刷饰。其作法更为简单，用色亦较单调，除蚂蚱头及昂面构件刷朱色，其他构件一律满刷土朱（红土子粉），白色圈边即全部完成。这种彩画的调子主要是以上红色占绝对优势。第三，土黄刷饰。这在宋式斗拱的彩画中可以说是最简略的一种作法了，造价也最低。整个色调，除昂翘正面涂朱外，其他部位一律刷土黄色（矿物质颜料），四周圈白边，外缘拉黑线。这种黑线圈边的作法，大致在宋代晚期出现，是又一项工艺上的新改革。

斗拱彩画，在宋代可以说是最盛行的，图案花样种类繁多，丰富多彩，不受一般规矩所限，这是宋代斗拱彩画的一种独特风格，给后代留下宝贵的研究史料。

下面，笔者以河北定州开元寺塔塔基彩画进行分析。

开元寺塔，又名料敌塔，因塔建于开元寺内，故称“开元寺塔”，位于河北省定州市南城门内东侧开元寺内，是我国现存最高的古塔。塔建于北宋咸平四年至至和二年（1001 年—1055 年），为八角形十一层砖石结构，高达 84.2 米。塔基的下层暗室内斗拱彩画图案色彩鲜艳，是我国迄今发现的具有代表性的、较为罕见的宋代建筑彩画的重要遗存。

通过分析料敌塔的彩画可知，宋代建筑彩画在唐代建筑彩画的基础上发展得更加精巧秀丽，如造型、题材、设色、工艺等方面都有不少创新。宋代彩画一般多绘于梁拱之上，以青、绿、丹三色为主要色调，相间设色，认色攒退，以黑白或青绿叠晕作缘线，画面内容大多为海石榴花、宝相花、太平花、宝牙花及莲花等图案。

料敌塔斗拱彩画不仅具备以上风格特点，而且形式多样，色调分明，既有图案色彩的对称，又不拘定格。综合起来有以下四个特点：

第一，在设色上，以丹色为大色（主色），大部构件以丹色作衬地，青绿两色相间陪衬，朱黄两色作点缀（小色）。如构件以青绿作地，则用丹色或三青三绿色作花纹图案，形成丹青对色，丹绿相间，使色调界限分明。

第二，在图案的规划上，采用“对称中的不对称”的作法。如升、斗构件一律以丹色为地，上面配以三青色的叠晕莲花瓣与牡丹花头，隔一调一，上下岔开，相间对称。拱板枋以丹青作地，绘统一的莲花变形图案。这种处理方法既突出了莲花的形状，又体现了规格的图案化，这是宋代彩画的一项创新。但在翘的正面却绘制不同形状的牡丹花、太平花、六出锦及方块锦纹等图案。翘的两侧绘卷草、梅花、葫芦草等，形式不一，花样多变，破除了规矩与对称的程式化。直到今天，江浙一带的民间建筑绘画上仍在沿用此种传统技法。

第三，在斗拱上，遍布图案。料敌塔斗拱彩画，除拱眼壁的顶部不作彩画外，其他各部构件（包括正侧两面），遍装彩画，有锦上添花之妙。明代斗拱彩画多以青绿相间，金缘叠晕，不作任何图案。清代斗拱的彩画就更简单化，多以黑白线圈边，只有少量的“石碾玉”彩画，在斗拱上才加以青绿叠晕、金线作缘。

第四，不同部位上的图案，作法不一。斗拱的花纹图案一部分采用认色攒退（叠晕），如在升、斗等构件上；但在另外的部位上又采用不同作法，如平板枋上的回纹卷草图案，只作单色平图勾线，不作攒退。这种图案形式在明清时期的旋子与和玺彩画中多见应用。

该塔下层斗拱彩画可能出自当地民间画师之手。由于当时还没有形成一套完整的彩画制度，所以构成了“五彩遍装”与“碾玉装”的混合品，这种未定形的混合杂花图案到元明以后就基本没有了。因此，料敌塔彩画具有较高的史料价值。这些彩画与《营造法式》彩画部分基本相同，说明《营造法式》吸收了不少民间的画作工艺技法。

（三）元代彩画

元代虽然只延续了160余年，但对古建筑彩画的发展仍作出了一定贡献。经初步考察，元代建筑彩画现存实物不多，山西芮城永乐宫及洪洞县广胜寺建筑彩画可作为元代彩画的例证。元代建筑彩画在宋代的基础上进行了较大的改革，并创造了梁枋彩画上的箍头、盒子、藻头及枋心的格局。在彩画作法上综合为三种形式：一是五彩装，烟琢墨作，龙草包袱海漫彩画。二是碾玉装，烟琢墨作，锦枋心旋子彩画，此彩画具有一定规范性。以上两种彩画为上品。三是青绿相间装，这种彩画图案简练，色彩单调，以青绿相间为主色，以黑白二色作图案的分界轮廓线，清淡素雅，与清代雅伍墨彩画基本相同，是当时普遍流行的一种彩画。

元代建筑彩画在用色上也有很大突破，如梁枋藻头地色多用朱色，表层图案青花绿叶，这在宋代是少见的作法。斗拱彩画以青绿相间为主色，以旋花、如意头、莲花、牡丹花等为图案的重要题材，并采用青绿相间对调的手法，既有青地绿花，又绿地青花交错运用，黑白二色作图案的边框分界线，体现素中有雅。

拱眼壁彩画图案形式多样。仅芮城永乐宫的拱眼壁彩画就有盘龙、仙鹤、花卉等多种图案，这种画法在历代相同位置彩画中都是罕见的。尤为重要的是，元代彩画出现了旋子图案的萌芽，不但梁枋上有，而且斗拱上也有。从图案上看，虽没有形成定律和规范，但为后代的明清旋子彩画奠定了良好的基础。

通过对永乐宫彩画的分析，归纳起来，元代建筑彩画具有以下三大特点：

第一，彩画色调基本以青绿相间为主调，以黑白色作各部图案的轮廓线，使彩画图案体现出清淡素雅、线路分明的效果。

第二，内檐大梁藻头部位大多采用朱红地，以青绿图案相间反差，在色彩上形成强烈对比，色调冷暖结合，以突出图案的效果。

第三，三清殿外檐除保留元代额枋两端藻头残缺不全的旋花外，还保留了额枋上中央部位枋心“二龙戏珠”泥塑图案，生动活泼。这种雕彩结合的建筑彩画为元代首创。

二、古建筑壁画装饰

（一）古建筑壁画的发展

壁画是我国建筑彩画的一个组成部分，历史悠久，早在公元前 600 年前，古建筑的墙壁上就有壁画出现了。初期多画在地下墓室的墙壁上，后发展到了地上的寺庙建筑上。

壁画的作法多种多样，一般多采用单线平涂、重彩渲染的方法直接绘制在平整的墙面上或塑像的靠背上。第二种作法就是事先按规格（尺寸）在纸上、绢上或布上将壁画画好，然后裱贴在墙壁上，这种方法属于一种预制的作法，从效果上来看不如直接绘在墙壁上更为延年。此外，还有少量的壁画采用雕彩结合的方法，又称塑壁，其背景或部分是在平壁上的彩画，而人物的前半身以浮雕的技法突出画面之外，这种作法更增加了壁画的立体感。

壁画和其他艺术一样，都是反映社会生活与经济基础的文化产物，同时又具有一定的现实意义，是我们研究历史、科学、文化、艺术等方面的珍贵资料。

壁画的内容、题材与形式多种多样，一般多画古圣先贤、功臣勋将及神佛教义、神话故事等，配以宴乐、围猎等生活场景，范围较广，具有鲜明的主题思想，是真实的写照，显示了历代壁画家的卓越的艺术成就。古代诗人屈原曾对寺庙的壁画艺术作了高度的评价。可见，早在 2 000 多年前，我国的壁画艺术就具有一定水平了。这充分说明，我国的壁画艺术并不是开始于春秋战国时期，而是在春秋战国以前。

关于壁画的作用，主要是“成教化”与“助人伦”，这在壁画艺术上为后代的继承与发展奠定了良好的基础。

秦汉及以前，宫廷殿阁中的壁画多绘功臣烈士与人物肖像，逐渐形成了传统的壁画题材。汉代以后，随着建筑艺术工艺的发展，壁画的施用范围又有了显著的扩展，宫殿、寺庙及墓室等建筑几乎无处不画。从内容形式来看，壁画已呈现出民族特色，充分反映了我国封建社会的文化生活、思想意识等精神面貌。我国许多地方出土的汉代墓室壁画，气魄雄伟，内容丰富，异常动人。

魏晋南北朝时期，我国壁画又创造性地吸收了古印度、西域等地的宗教文化，增加了新的内容，更加丰富多彩。

隋唐时期，敦煌莫高窟的壁画题材范围变得更加广泛，场面宏大，色彩瑰丽。无论是人物造型、风格技巧，还是设色敷彩都达到了空前的水平。壁画创作中大量出现净土经变画，如西方净土变、东方药师变、法华经变等。

明代，继承唐宋传统的寺庙壁画仍是壁画的主要表现形式，较之前代，明代的壁画显得更为规范化和世俗化，也显示出不同宗教和不同派系之间的融合。

在清代寺庙壁画与宫廷壁画中，最引人注目的是有关现实重大题材的描绘以及民间小说与文学名著的表现。例如，山西定襄关帝庙壁画取材于《三国演义》中的故事，北京故宫长春宫回廊上的《红楼梦》壁画则参以西洋画法描绘了这部千古名作里的部分情节。

（二）寺观壁画

寺观壁画是中国壁画的一个主要类型，绘于佛教寺庙和道观的墙壁上，内容有佛道造像、传说故事、图案装饰等。这种绘画形式是随着道教的产生和佛教的传入而逐渐发展起来的，兴于汉晋，盛于唐宋，衰于明清，是中国绚丽多彩的民族艺术史上的重要篇章。

山西是我国中原地区佛教、道教活动比较发达的省份之一，因此佛教寺庙，道教宫观等宗教建筑极为兴盛。而依附于这些寺观里的壁画数量之多、历史之久、艺术之精，均为全国所仅见，如山西的佛光寺壁画、平顺大云院壁画是国内仅有的寺观壁画。

唐代是中国古代最辉煌的时代，世人为之向往。唐文化在世界文化史上也散发着耀眼的光芒，唐代的诗歌发展到高潮时期，美术也是昌盛阶段，盛唐的绘画、雕塑都在中国美术史上占据着绝对重要的地位。在这个文化大繁荣的时代，唐代的寺观壁画多规模宏伟，色彩富丽，其艺术水平大大超过往代。

宋辽金时期，当时的统治者为了稳定人心，巩固自身政权，极力崇佛仰道，兴寺修观，但总的来说，这一时期的宗教势力较唐代有明显衰落。文人墨画盛行以后，壁画的绘制逐渐变为民间画师的职责，画师被称为“画匠”“工匠”，致使许多壁画及其创作者，很少见诸记载而湮没无闻。但是在山西，由于地域多山，交通不便，加之民风古朴，宗教信仰氛围仍十分浓厚，故而当全国宗教影响减弱，文人墨画盛行时，其寺观壁画创作仍很兴盛，著名的作品有高平开化寺壁画等。

元代是中国历史上疆域最广大的一个朝代，宋辽金长期动荡和分割的局面至此一统。

明代以后，文献典籍当中几乎见不到记载壁画的痕迹，就全国范围来讲，寺观壁画艺术已走向尾声，画面构图和人物造型已开始程式化，其工艺水平较宋金元时期大为逊色。

清代末年至民国时期，由于帝国主义列强的入侵，加之国内的军阀混战，国家在近半个世纪的时间里停滞不前。作为建筑装饰艺术的壁画也随之没落，几乎形成了一个空白的阶段。但“画壁”的艺术形式却没有消失，一直以各种各样的表现形式在民间流行着。

三、彩画和壁画的常用题材内容

（一）彩画常用题材内容

中国的建筑装饰彩画，主要用于皇家宫殿等重要建筑和园林建筑，这使得彩画装饰的题材内容乃至工艺流程都比较固定，在装饰梁、枋时，便于保持相对稳定，也便于施工。这种程式虽然允许部分细节花纹在一定范围内做出相应的变化，但这种过于严谨的标准化构图难免扼杀从艺者的创造力，彩画的题材内容也就缺少了变化创新。总体上说，彩画的题材内容可分为体现皇权尊贵、宗教信仰、祈福纳吉三类。

龙凤纹，是彩画题材中的重要内容。此外，还有合云环寿纹、海水江崖纹、麒麟纹、灵芝纹、桃子纹、涡云纹等，与皇权尊贵密切相关。

受佛道文化的影响，宗教信仰类题材内容在彩画中占了很大的比例，主要有须弥座纹、八宝纹、西番莲纹、卷草纹、缠枝花卉纹、莲叶纹、梵语箴言纹、金刚宝杵纹、金尊献莲纹等。

祈福纳吉是人类的普遍心理，在彩画中有不少这类题材，有如意纹、吉祥草纹、柿子纹、牡丹纹、富贵白头纹、连年有余（鱼）纹、蝠纹、菊花纹、栀子纹等。

此外，青铜宝鼎、秦汉瓦当、古钱币、犀牛、金鱼等也有入画的。

值得一提的是，在彩画的辅配类纹饰内容中，有不少几何图案式的绫锦纹。这类图案的组合，相对较为有规律而又不失灵活，有的几乎就是绫锦纹的再现。我国很早就有以绫锦为饰的做法。《西京赋》记载秦始皇咸阳宫“木衣绨锦，土被朱紫”。《汉书·贾谊传》载：“美者黼绣，是古天子之服，今富人大贾嘉会召客者以被墙。”以绫锦“披墙”为饰，继而成为彩画专有的纹饰，反映出传统纺织工艺对建筑彩画颇为深远的影响，同时这类纹饰也包含礼制秩序的文化含义。

（二）壁画的常用题材内容

因壁画装饰的对象不同，建筑壁画的题材内容有着天壤之别。即使是同属壁画的墓葬壁画与用于建筑装饰的壁画，内容也是大相径庭的。

墓葬壁画的内容，大多为墓主生前的生活场景与事件，也有反映墓主所处时代的风土人情的。但总体说来，壁画内容都与墓主的生活、思想意识有着直接或间接的联系。所以，墓葬壁画是研究墓主所处时代的政治、经济、军事、地域风俗、宗教信仰、等级制度等的重要图像物证资料。

用于建筑装饰的壁画，题材内容极为广泛，涉及中国历史社会的各个时期和文化构成的各个领域，既有现实生活的写照，又有诗情画意的再现，花鸟鱼虫、山水楼阁、天上人间、小说戏剧、历史典故、神话传说、宗教礼仪、才子佳人，无所不涉，极尽书绘之能事；在艺术表现方法上，现实主义和浪漫主义并举。现实生活永远是壁画艺术取之不尽的源泉。建筑壁画中许多优秀的书画之作，饱含浓郁的生活气息，壁画内容所反映的场景大都直接取材于绘制者日常的生活场景。匠人们将人们对现实生活的美好希冀，乐观热情的生活信念和追求幸福生活的迫切愿望加以发掘、提炼和升华，将其体现在壁画中，使其源于生活又高于生活。这也是中国建筑装饰壁画艺术得以长盛不衰的艺术魅力之所在。

第七章　中国古建筑环境

第一节　古建筑室内环境

一、室内环境发展概述

中国古建筑一般以柱网框架体系承重，内部空间可以根据需要灵活分隔。古代人民在室内使用各种隔断，创造出开放、私密等不同空间，以满足不同的生活需求。古代室内环境设计与生活起居方式息息相关。

随着时代的发展，起居方式发生变化，室内陈设、家具、装修等也随之改变，形成不同时代风格、不同特色的室内环境。

六朝以前，人们常席地而坐，日常起居、寝息于荐席床榻之上，室内家具低矮、小巧，种类也少，室内空间的划分以装饰性的帐幔等织物为主。席是最早、最原始的家具，在浙江余姚河姆渡的干栏式建筑遗址中，就已发现了芦席残片。《周礼·春官·司几筵》记载了当时贵族日常所用的五种席。《诗经·小雅》记载："下莞上簟，乃安斯寝。"《礼记·内则》中说："敛枕簟，洒扫室堂及庭，布席。""布席"之"席"为座席；"簟"只为睡卧之用，铺在席上，早晨要把它卷起来。在周代，地面满铺筵席，筵席的尺寸也相对固定。《周礼·冬官考工记》记载："周人明堂，度九尺之筵，东西九筵，南北七筵，堂崇一筵，五室，凡室二筵。"商周时期，出现了用青铜制作的床、案、俎，以及放置酒器的家具。

席地而坐时期，室内的家具、陈设很少，主要是几、案等低矮轻便的家具及帷幔等织物陈设。战国、秦汉以后，家具以床、榻为中心，布置帷帐、屏风等，这在汉魏至南北朝的许多图像资料与考古材料中都有体现。汉代建筑堂前开敞，往往在楹柱之间的横楣上悬挂帷幔，帷幔分数段卷起，系帷的组绶末端垂下，作为装饰。汉魏至南北朝时的宫殿、官署的殿堂或住宅的厅堂中，均设置床榻为坐具，日常起居如会客、饮宴、读书、对弈等均在床榻上进行。讲究的殿堂上，则于室内设幄帐。幄帐是一种状若屋顶的帐，设于坐床之上，由帐竿、帐钩、帛等构成。从晋代开始，传统的跪坐礼仪观念逐渐淡薄，出现了箕踞、趺坐、斜坐等坐姿，随之出现了置于床榻上的凭几、隐囊等家具。南北朝时，受到西北游牧民族的起居习惯及信仰传统的影响，垂足而坐渐渐流行，高形坐具如胡床、凳等相继出现。到唐代，椅凳已不再罕见，还出现了高足的桌、案等家具。

五代以后，垂足而坐渐成主流，起居方式由低坐进入高坐时期，家具尺度普遍加大，种类丰富多样，外形也渐成熟。同时，室内空间也相应增加，大幅的壁画开始盛行。随着桌、椅等高坐家具的出现，传统的独坐小榻逐渐为椅子所取代；床榻也渐渐由厅堂退入寝室，专供睡眠之用；附属于床的帐也退入内室，作为挡风尘、遮视线之用；与床榻配合使用的屏风也逐渐退化，落地式屏风则与桌椅一起，占据厅堂内的主要位置。

到了宋代，日常起居不再以床为中心，而是完全进入了垂足高坐时期，且各种高坐家具初步定型。南宋时，高坐家具的品种与样式已相当丰富。随着小木作技术的发展，精致的小木装修完全代替了早期的织物装饰，室内空间环境为之一变。宋代建筑室内轻木隔断分隔。宫殿、寺观中的平綦中施以斗拱复杂的斗八藻井、小斗八藻井装饰。木建筑的柱梁、斗拱都绘制有富丽堂皇的彩画，以代替传统的丝织品装饰。从宋代开始，家具造型与结构中出现了模仿木构建筑的框架结构，代替了隋唐时期常见的箱形壶门式结构，桌面下开始使用来源于须弥座的束腰造型。

明代是细木家具与装修发展的鼎盛期。明代家具继承了宋代家具的优良传统，随着明代城乡经济的繁荣，海禁开放，大量硬木材自海外输入中国。明代至清前期的二三百年间，是中国家具的黄金时期。明式家具的特点包括：用料考究、制作精良、榫接技术高超、比例尺度恰当、造型简洁优美、刚柔并济、装饰适当。明式家具多使用南洋热带地区出产的红木、楠木、紫檀、花梨、鸡翅木等木材，木纹细腻，表面光泽。建筑中的某些构件和构造形式，也被运用到家具中，如门、栏杆、曲梁、柱侧脚和各种榫卯。明代家具的制作水平很高，如使用断面为圆或椭圆形料代替方料，榫卯细致准确，外观美观大方、简洁明快。

清代宫苑中的家具一般用“京做”，即北京的款式。京做家具吸取了古代铜器、画像石的纹样，还大量吸收“苏做”“广做”等样式。明代硬木家具，其制作中心在苏州，因此称“苏做”。清代苏做家具也泛指苏南一带生产的家具。苏做家具继承了明代家具的优良传统，造型洗练，线条流畅。清末，广州逐渐成为硬木家具制作中心，称“广做”。广做家具多用南洋进口的红木、紫檀等制作，且多用粗料、大料。广做家具受西方洛可可风格的影响，使用复杂的雕刻工艺，家具靠背、扶手等无不精雕细琢。广做家具还较多地使用镶嵌的技法，以螺钿、玉石等装饰，追求一种华贵雍容的气派。清代中晚期以后，家具制作的工艺日趋精细，但雕饰堆砌，在风格上变得沉重、烦琐。

明清时期，家具与室内空间相适应，形成了成组成套的家具配置，在厅堂、卧室、书房中出现了不同的家具组合。厅堂以后檐墙或太师壁为背景，前置条案，案前设置方桌、对椅。北方住宅中，往往以炕为中心，炕上配置炕几、炕桌，炕下设脚踏，前面两侧设茶几、椅子或方凳、圆凳等。卧室中除架子床外，还有立柜、围屏、盆架等。书房中则设书案、书架、书橱、博古架等。为了使室内空间不呆板，灵活多变的小件陈设起了重要作用，常见的有香几、半月桌、套桌、挂屏、盆景等。在重要的殿堂中，家具多依明间中轴作对称布置，即成双或成套排置。

清代宫苑之中，明间的厅堂布置左右对称，格局严整，次间、梢间则比较随意、自由。宫廷中的家具、陈设更讲究成组成套，即所谓“一堂家具”“一堂陈设”。重要殿堂的明间安设皇帝的宝座，一切布置以宝座为中心；宝座下为地平床，宝座近前设足踏，正前方设长案，两边有宫扇等陈设；地平床左右陈设香炉、铜鹤等。

明清时的室内陈设，品种多样，风格上也开始融合南北与中西流派。墙壁上布置字画、挂屏、挂镜等陈设。住宅中的厅堂正面多悬挂中堂一幅，左右对联一副。园林建筑中还会于墙壁或纱槅上贴大幅绘画、成篇诗文等。清代宫廷中还有西洋的通景画，墙上还可悬挂镶嵌玉、贝、大理石的挂屏，或在桌、几、条案、地面上放置大理石屏、盆景、瓷器、古玩等；案几上的陈设有瓷器、铜器、玉器、座钟、盆栽等；地面上的陈设有书架、围屏、插屏、立镜、熏炉、自鸣钟等；顶棚上悬挂的灯具有什锦灯、花篮灯、宫灯等，宫灯可以插烛或安装电灯。这些陈设可以灵活点缀，随意增减。

自宋代以来，风景园林建筑中挂匾题额，或题名，或抒意。匾联形状大多是矩形和条形的，有时也用手卷形、秋叶形、扇形、如意等式样。墙垣门洞上的门额、对联常用清水砖刻字；厅堂馆轩则多用木制，以红、黑、金色漆为底色，或者用竹制，常保持其天然质地。

古代还有在房屋构件上镶饰珠、玉、贝或包裹丝织物的传统。例如，汉长安城未央宫昭阳舍，壁带上饰以金釭、玉璧、明珠、翠羽；魏晋南北朝时，宫殿椽头往往饰以金铜或玉石；宋代以后，用锦绣装饰梁架的做法被彩画替代，但在图案上仍然模仿织物纹样，宋《营造法式》中的锦绣图案有玛瑙、琐纹等数十种。

二、室内家具与陈设

家具、陈设是古建筑室内不可或缺的要素。家具可供日常接待、休息、娱乐之用，室内空间层次也要依靠家具、陈设来组织与表现。

（一）天花

天花亦称顶棚，是建筑物内用以遮蔽梁以上部分的构件。在古建筑中，特别是住宅建筑中，一般都设置有顶棚。

天花的构造是在梁下用天花枋（宋称“平綦方”）组成木框，框内放置小的木方格，形成骨架，其上再放置天花板。宋《营造法式》中的天花有“平闇”与“平綦”两种。平闇，用方椽构成小格子，板上不施彩画。唐佛光寺大殿、辽独乐寺观音阁天花即为平闇形式。平綦，以纵横木枋（枝条）垂直搭交构成的大的正方、长方形状的天花。上有花纹，曰“贴络花纹”，用木雕图案，再贴在板下。敦煌莫高窟、云冈石窟窟顶经常绘有这种平綦天花。后代多沿用这种大方格的平綦天花。

北方清式建筑中的天花分为井口天花、海墁天花两类，重要的建筑使用井口天花和藻井。井口天花用枝条纵横相交如棋盘状，分成若干方块，称“井口”。井口覆以天花板。天花板中心部位称“圆光”，绘以龙、凤、花卉等图案。圆光外为“方光”。四角名“岔角”。枝条的十字交叉处饰莲瓣，俗称“辘轳”，沿辘轳向四面枝条上画燕尾形的云纹，称“燕尾”。北方民居室内的天花，多用木条、竹条、高粱秆等轻材料制成框架，钉在梁下，再糊上纸，称“海墁天花”。

中国南方的江苏、浙江、福建等地的住宅、园林、祠堂之中，还广泛使用一种被称为“轩”的室内顶棚装修。轩由弯曲的椽子、望砖或望板构成，可以遮蔽屋盖结构，改善室内空间。轩可以将大的厅堂分隔成前后两部分，称“鸳鸯厅”，也可以将厅堂分成相等的四部分，称“满轩”。江南园林中轩的样式很多，有菱角轩、弓形轩、船篷轩、鹤颈轩、茶壶挡轩等。轩椽用深栗色，望砖则磨光或刷白，室内空间简洁而雅致。

（二）藻井

藻井是中国特有的建筑结构和装饰手法，古建筑常在天花板中最显眼的位置设置一处方形、八边形或圆形的形如井口的凹陷部分，装修斗拱、描绘图案或雕刻花纹。藻井用在殿堂的天花正中，在帝王御座、神佛像座之上，以烘托庄重严肃的氛围。汉代的藻井常以莲、藕等装饰，以“镇火”。藻井的平面常用四边形和八边形，因形状像覆斗，故称“斗四”“斗八”。直到南北朝时期，藻井的形式还是以斗四为主。宋《营造法式》中记载了斗八藻井、小斗八藻井两种。斗八藻井施于殿堂，小斗八藻井施于副阶之内。斗八藻井由下而上分为三层。下为“方井”，其上为“八角井”，两井皆由斗拱围成；两井之间的4个直角等腰三角形，称“角蝉”。八角井之上，为“斗八”，形状略似一个八角形的拱顶帽子，由中心辐射的8根弯拱形阳马斗成，阳马之间施背版，背版上贴络华文。宋辽金时流行斗八藻井，有的还在斗拱上设置一个象征仙佛居所的天宫楼阁。

宋代以后，藻井做法变化很多，如角蝉数目增多，形状变为星形，井口上做天宫楼阁。明代以后，藻井定心用以象征天国的明镜开始增大，周围放置莲瓣，中心绘以云龙。清代多雕刻蟠龙，于是便称藻井为“龙井”。清代官式建筑中除了常见的四方转为八角再以圆形结束的龙井外，还有上中下三层皆为圆形的藻井，如北京天坛祈年殿、皇穹宇，河北承德普乐寺旭光阁等，藻井的形制与建筑的圆形空间浑然一体。明清时期，民间的会馆、祠堂的厅堂和戏台上常做成圆形藻井，用斗拱或卷棚形格条构成，形如倒扣的盆碗，江南一带俗称“覆盆”“鸡窠顶”，闽南一带俗称“蜘蛛结网”。戏台上覆盆藻井还有声音反射及共鸣的作用。民间建筑中的藻井，有的还用华拱层层出挑，组成螺旋形。也有的用木枋搭成八角的覆斗状，再安装木板，上绘彩画，显得简洁而雅致。

（三）板壁、屏风

宋代室内固定的木隔断有板壁与屏风两种。《营造法式》称分隔室内空间的板壁为“截间板帐”。截间板帐上施额，下施地栿，两者之间装竖板，板缝之间用木压条。也可以在截间板帐中间加格子门，称为“截间格子”。安于殿堂明间后金柱间的固定屏风称为“照壁屏风”，用木框架制成，内外糊纸绢或字画。

明清时期，南方住宅的厅堂内的后金柱间往往做成木板壁，称“太师壁”“寿屏”，两边靠墙处各开设小门。太师壁上悬挂字画，称为“中堂”，也可绘制彩画。

屏风，古称“扆”，周代已有此物，但仅限于王室使用。秦汉以后，作为室内陈设的屏风开始普及。屏风的样式，可大致分为座屏与围屏两类。座屏由底座与屏板组成，多呈“一”字形。围屏是具有多幅扇的屏风，陈设时，按需要布置成曲尺形等。汉代文物中有的围屏呈“L”形。南北朝以后，以“门”形的围屏最为常见。“门”形屏风左右对称，向心性、围合性很强，可与卧床、坐榻等组合，也可用来分隔室内空间；或者占据室内的主导位置，置于明间正中、床榻之后，起凸显主人位置及限定空间的作用。在清代宫廷中，屏风还与宝座、藻井相结合，强化以宝座为中心的空间。

（四）碧纱橱

碧纱橱是北方住宅中安装在室内的隔扇，通常用于进深方向的柱间，起分隔室内空间的作用。一般用作室内正厅与侧房之间的分隔，每樘碧纱橱按四、六、八、十二扇装在两柱间，中间的两扇可以开启，外安帘架，以挂帘子。碧纱橱的做法与外檐隔扇相似，但尺寸略小，做法也精致些。隔心部分以木棂拼成，以灯笼锦（灯笼框）最为常见。隔心上糊纱绢或各种字画。必要时，碧纱橱可以拆卸，这样两个房间便可以合而为一。碧纱橱的中槛与上槛之间安横披窗，上槛以上若再有空间，则可悬挂匾额或裱糊大幅字画。

与碧纱橱相似，江南住宅多采用“纱隔”“纱窗”等分隔室内空间。纱隔的做法与落地长窗相似，但在隔心上钉青纱或木板，也可镶嵌彩色玻璃。江南园林鸳鸯厅中，往往在明间脊柱间设纱隔，而在左右次间脊柱间施挂落飞罩。

（五）博古架

博古架也称“多宝格”，是陈设古玩器物等的架格。博古架可划分为拐字纹式的小空格，其下为橱柜，上面常做顶龛或朝天栏杆。宫廷、宅第中往往将整间做成博古架，两面既可以欣赏藏品，又起到隔断的作用。也可在博古架中间或一侧设门，使两个房间连通。

（六）罩

罩是分隔室内空间的透空隔断物，可以实现虽隔犹通的效果，从而增加空间层次和装饰效果。《营造法式》中尚无罩的记载，但明清时罩已成为室内装修常用的一种构件。

罩的形式大致有飞罩与落地罩两大类。飞罩和挂落相似，但两端罩下如拱门。落地罩两端落地，中间的空洞做成方、圆、八角等形状。江南园林中，有许多好的例子，其构造也大致和挂落相似。有的罩以整块或数块质地优良的木料雕琢而成，题材多为松、竹、梅等，十分考究。

北方建筑装修中的飞罩又称“几腿罩”，在抱框（腿子）上端横置上槛与挂空槛组成的横披式框架。落地罩的形式以栏杆罩最为常见。还有一种安装在床榻外的花罩，称“床罩”或“炕罩”，内侧可挂软帘，其上还可加上毗卢帽一类的顶盖。

（七）挂落

安装在檐柱间、额枋之下的棂条花格，南方称“挂落”。挂落用木条相搭而成，三边做框，边框用榫头固定于柱上，可以整片拆卸。江南园林、住宅中的挂落虽然图案简洁，但丰富了屋檐下的装饰。

北方住宅、园林中侧檐枋间一般会安装楣子。安装枋下的称“倒挂楣子”。倒挂楣子四边做出边框，与柱子的交角处用花牙子装饰，花牙子通常做成透雕。安装在柱脚处的称“坐凳楣子”，也叫“座栏”，可供坐下休息。北方楣子的棂条花格样式很多，常见的有步步锦、灯笼框、冰裂纹等。

第二节　古建筑室外环境

一、室外环境概述

室外环境包括自然环境与人工环境。自然环境包括建筑所处的自然形成的绿地、山体、水域、气候等要素。人工环境包括人为建造的广场、道路、庭院、围墙、绿化等。室外环境设计，关系到建筑与周围环境的联系、协调，对建筑起衬托作用，并可以提高建筑的表现力与感染力。

古建筑的群体布局通过序列组织。例如，宫殿、祠庙在轴线上以大小不同的庭院来组织空间，采用起、转、承、合等手法，以形成主次分明的空间层次；陵墓等建筑的空间序列虽不如宫殿等起伏多变，但善于利用自然景观要素；园林建筑则以观赏流线来组织，庭院空间更加灵活自由，以形成步移景异的观赏效果。

二、建筑选址与环境设计

古建筑在规划选址时要重视山水、树木等自然景观要素。

有的城市选址时，重视山水，如南宋的临安、明初的应天府（今南京）都成功利用山水。有的城市选址时，将自然景观作为中轴线上的对景，如秦咸阳、南朝建康、隋唐洛阳都以山峰作为天然门阙。古建筑中的群体组合常常通过庭院空间来组织。古代陵寝选址于山野，十分重视环境设计。明清帝王陵寝多选址于山峦环卫、水脉明秀、树木葱郁的藏风聚气之所，人工建筑与自然环境浑然一体，以取得神圣、崇高、庄严的效果。

中国古建筑，善于利用山崖、水面、树木等自然要素，形成人工与自然交融的景观。《园冶》载："园地惟山林最胜，有高有凹，有曲有深，有峻而悬，有平而坦，自成天然之趣，不烦人事之工。入奥疏源，就低凿水，搜土开其穴麓，培山接以房廊。杂树参天，楼阁碍云霞而出没；繁花覆地，亭台突池沼而参差。绝涧安其梁，飞岩假其栈。"古建筑中这类例子很多，如湖北丹江口市南岩宫、山西浑源县悬空寺利用山崖，重庆忠县石宝寨、甘肃敦煌莫高窟九层楼利用山崖、山顶等。山地民居、寺庙建筑会利用山体，结合地形，常分层筑台，形成多变的室外空间，如北京颐和园佛香阁、河北承德外八庙等皇家建筑，往往砌筑高台，而民间建筑则利用吊脚、错层等手法。

人工建筑在自然环境中不宜过分强调，若有建筑与山体相关，则往往选择山脚或半山腰，一般不会选择山顶。

古代风水除讲究顺乎自然、利用自然外，还主张用培龙补砂、疏水种植等人工手法补阙形势。《葬书》说："趋全避阙，增高益下，微妙在智，触类而长，玄通阴阳，功夺造化。"这也说明，古人因地制宜，因势利导，以人工弥补自然的不足。

水是生命之源，古人将水比作智者。古人在选址中讲究来水、去水。私家园林中的流水是艺术地再现江湖、溪涧、泉瀑等自然景观，使开阔、清澈的水面与幽深的庭院及小景区形成疏朗、封闭的对比。例如，南方住宅中的四水归堂，将雨水汇于天井明堂中，视水为财富的象征，寺庙中设置放生池，文庙中则有泮池、泮水。在古建筑中，对水的处理以静为主，园林中的瀑布、喷泉等只是偶尔为之，陵墓之中也要求水体曲折盘旋，忌讳冲泻急湍，以免破坏陵寝的肃穆气氛。

第三节　建筑环境小品

小品是塑造建筑空间环境的一个重要组成部分，它们作为主体建筑的点缀与衬托，可以起到标志建筑的功能、等级等作用。古建筑小品的类型很多，有牌楼、阙、华表、影壁、碑碣、门狮、香炉、花台、日晷、嘉量、铜龟、铜鹤、石翁仲、石马、石羊等。下面对其中五种较常见的小品进行简单介绍。

一、牌楼

从建造的材料来看，牌楼可分为木牌楼、石牌楼和琉璃牌楼。此外，牌楼按功能可分为标志性牌楼、纪念性牌楼、装饰性牌楼。

（一）标志性牌楼

标志性牌楼多立在宫殿、陵墓、寺庙等建筑群的前面，作为这组建筑的一个标志，所以其处于建筑群主要大门的正前方。牌楼多独立存在，它们的柱间或门洞不安设门扇，人们可以穿行而过，也可以绕它们而行，所以并不能起到真正的门的作用。

（二）纪念性牌楼

在各地出现的为纪念和表彰某人某事而专门兴建的牌楼，可称为纪念性牌楼。

（三）装饰性牌楼

这种牌楼常用在古代一些店铺的门面上，既不是独立的标志，也不是大门，而是附在店铺门面上的一种装饰。

这种牌楼还用在寺庙、祠堂等一些重要建筑的大门上，以增加大门的气势。常见的做法是用砖或石在大门的四周墙上砌出牌楼的式样，或双柱或四柱，柱上的梁枋、屋顶和上面的装饰一应俱全。这种牌楼比砖、石筑造的牌楼形象更自由，装饰与色彩更为丰富。

二、阙

阙是我国古代设置在宫殿、城垣、陵墓、祠庙大门两侧标示尊崇地位的高层建筑物，因此也叫阙门或门阙。阙的产生一方面是登高守望防御的需要，另一方面是“标表宫门”等级的需要。

秦汉时期，阙用于城市、住宅、坟墓之前，作为威仪与身份的象征。四川、山东、河南等地还有汉晋时期的石阙遗存。

汉代的阙有单阙、二出阙与三出阙之分。一般官僚住宅门前、墓前使用一对单阙；王侯及高级官僚使用一对二出阙，即在主阙外侧紧贴它加一个子阙；帝王则用三出阙，即三重子母阙，在主阙外侧加二重子阙。

唐代的阙也有三种，但仅限于皇室使用。唐宋皇宫正门及陵寝中都以阙作为大门。

金元以后，阙仅用于宫殿正门，形制也发生了变化。

三、华表

华表是中国古代的一种传统建筑形式，属于古代宫殿、陵墓等大型建筑物前面做装饰用的巨大石柱。相传华表是部落时代的一种图腾标志，古称桓表，以一种望柱的形式出现，富有深厚的中国传统文化内涵，散发出中国传统文化的精神、气质、神韵。

汉代桓表用于宫殿、陵墓等建筑之前，以之为标志。设于陵墓神道两侧的标志性石柱，称“墓表”，也称“神道柱”。唐宋时，陵寝神道的石柱演变为八角形石柱，上有火珠。明十三陵、清东陵及西陵中的华表，下为须弥座，上为八角抹圆或圆形的柱身。柱身上浮雕云纹、龙纹，柱上端雕云形日月板，柱顶置圆盘、蹲兽。

《营造法式》载：“今之华表，以横木交柱头，状如华，形似桔槔，大路交衢悉施焉。或谓之表木，以表王者纳谏，亦以表识衢路。秦乃除之，汉始复焉。今西京谓之交午柱。”最初，华表指用于表示王者纳谏或指路的木柱。在这根木柱上，行人可以在上面刻写意见，因此它又叫“谤木”或“诽谤木”。后世的华表不再有书写功能，而成为一种标志物、象征物。

华表柱顶设蹲兽，始于南朝的墓表。明清宫殿华表上也设置小辟邪（俗称“朝天吼”），表示对帝王的监督。古代也有立在桥头或交通要冲的木制或石制立柱，如同今日之路标，雕刻华丽者则称“华表”。

明代以后，华表固定为石制，且只用于皇宫与帝王陵寝之间，成为皇家的标志，不再用于别处。

四、影壁

影壁，亦称作照壁、影墙、照墙，是古代寺庙、宫殿、官府衙门和深宅大院前的一种建筑，即门外正对大门以作屏障的墙壁。

影壁的功用是作为建筑组群前面的屏障，以别内外，并增加威严和肃静的气氛，有装饰的意义。影壁往往把宫殿、王府或寺庙大门前围成一个广场或庭院，给人们一个回旋的余地，因此成为人们进大门之前停歇和活动的场所。

大门外的影壁，正对着大门，与大门一起组成门前的入口空间。宫殿、大型寺庙前往往设置琉璃影壁，如北京故宫宁寿宫的九龙壁，北海大圆镜智宝殿前的九龙壁，都建于清乾隆年间，以五色琉璃镶嵌而成，显示出皇家建筑的气派。

北京故宫内廷中大门内有琉璃、石、木制影壁多处。北方四合院大门内的影壁有独立式影壁与座山影壁两种。独立式影壁独立于厢房山墙之前，一般用青砖砌成，下为基座，上为墙身；中间的影壁心多用斧刃方砖斜摆，磨砖对缝，正中常用砖雕花饰或刻吉祥文字；顶上用砖、瓦做屋顶。在厢房山墙上砌成而附着于山墙的，则称“座山影壁”“跨山影壁”，它的做法比独立式影壁简单些。

还有一种位于大门左右、两侧斜向外伸的影壁，称“雁翅影壁”“八字影壁”“八字墙”。雁翅影壁让大门内凹，形成门前空间，可供车、轿回转，使大门显得庄重、气派。

五、碑碣

古代中国人民把长方形的刻石叫碑；把圆首形的或形在方圆之间，上小下大的刻石，叫碣。秦始皇刻石纪功，大开树立碑碣的风气。东汉以来，碑碣渐多，有碑颂、碑记，又有墓碑，用以纪事颂德，碑的形制也有了一定的格式。后世碑碣名称往往混用。

最早的碑是古代宫庙之中观察日影、宗庙之中拴系牛羊等牲口的竖石。汉代以后，碑专门作为记事题记之用，多应用于陵墓、寺观、祠堂、书院等中。古代石碑上留下了许多名家的真迹，重要的石碑常建碑亭保护。

树碑用以歌功颂德的习俗始于秦而盛于汉。秦在泰山上立有无字碑，碑的形体很简单。汉代碑首形状，有圭首与圆首两种。圆首者，沿外缘雕成圆线纠结，称为“晕”。后世碑首盘龙，即由此演变而来。

唐代以来，碑首外镌盘龙，内为圭首，是一般的通例。

《营造法式》载：“造赑屃鳌坐碑之制：其首为赑屃盘龙，下施鳌坐。于土衬之外，自坐至首，共高一丈八尺。其名件广厚，皆以碑身每尺之长积而为法。”

宋代以后，碑首变得高瘦，内部题额也变得细长。明代以后，碑首刻出边框，边框内的龙、云雕刻，浅且平，失去了唐宋石碑雄健瑰丽的气势。石碑的造型一般分为三段：碑首、碑身、碑座。

除了镌刻文字的石碑，寺庙、石窟中还有一种造像碑，其上开龛雕造佛像，流行于北朝至隋唐时期。

参 考 文 献

[1] 班建伟，张云华. 中国古建筑审美艺术[M]. 长春：吉林美术出版社，2018.
[2] 段波，杨艳霞. 中国古建筑的保护与研究[M]. 长春：吉林大学出版社，2018.
[3] 广州市唐艺文化传播有限公司. 中国古建筑设计元素集成：上[M]. 福州：福建科学技术出版社，2019.
[4] 花景新. 中国古建筑构件文化[M]. 北京：中国人民大学出版社，2023.
[5] 李晨. 中国古建筑艺术理论与设计方法研究[M]. 北京：中国书籍出版社，2016.
[6] 李玲，李俊，冀科峰. 中国古建筑和谐理念研究[M]. 北京：中国社会科学出版社，2017.
[7] 凌玉光. 中国古建筑园林营造技艺[M]. 成都：四川民族出版社，2020.
[8] 刘海波. 中国木构古建筑[M]. 南京：河海大学出版社，2020.
[9] 刘嘉祎. 中国古建筑赏析[M]. 北京：北京理工大学出版社，2023.
[10] 芦爱英，沈民权. 中国古建筑与园林[M]. 3 版. 北京：高等教育出版社，2020.
[11] 马继红，张培艳. 中国古建筑文化[M]. 北京：中国轻工业出版社，2022.
[12] 马龙. 中国古建筑木作技术[M]. 北京：中国建筑工业出版社，2023.
[13] 齐永河. 中国古建筑兽饰和石象生[M]. 长春：长春出版社，2017.
[14] 滕光增，胡浩. 中国园林古建筑制图[M]. 北京：中国建材工业出版社，2016.
[15] 田永复. 中国古建筑知识手册[M]. 北京：中国建筑工业出版社，2019.
[16] 王希富. 中国古建筑室内装修装饰与陈设[M]. 北京：化学工业出版社，

2022.
[17] 王晓华，温媛媛，刘宝兰. 中国古建筑构造技术[M]. 2 版. 北京：化学工业出版社，2019.
[18] 吴远征. 中国古建筑设计简史[M]. 北京：机械工业出版社，2018.
[19] 杨焕成. 中国古建筑时代特征举要[M]. 北京：文物出版社，2016.
[20] 杨钺. 中国古建筑结构图鉴[M]. 北京：电子工业出版社，2023.
[21] 杨自强. 中国古建筑照明设计与技术研究[M]. 北京：北京工业大学出版社，2018.
[22] 张慈赟，陈洁. 中国古建筑及其故事[M]. 上海：上海译文出版社，2019.
[23] 朱京辉. 中国古建筑斗拱研究[M]. 北京：中国纺织出版社，2018.
[24] 朱涛. 中国古建筑文化集锦[M]. 北京：中国建筑工业出版社，2018.